新生儿婴幼儿护理百科

张晓杰　王　禄◎主编

吉林科学技术出版社

图书在版编目（ＣＩＰ）数据

新生儿婴幼儿护理百科 / 张晓杰，王禄主编． -- 长
春：吉林科学技术出版社，2018.11
ISBN 978-7-5578-2612-3

Ⅰ．①新… Ⅱ．①张… ②王… Ⅲ．①婴幼儿－哺育
Ⅳ．① TS976.31

中国版本图书馆 CIP 数据核字 (2017) 第 117187 号

新生儿婴幼儿护理百科
XINSHENG'ER YINGYOU'ER HULI BAIKE

主　　编　张晓杰　王　禄
出 版 人　李　梁
责任编辑　孟　波　端金香　穆思蒙
封面设计　夏文娟
开　　本　889 mm×1194 mm　1/16
字　　数　280千字
印　　张　13.5
印　　数　1—7 000册
版　　次　2018年11月第1版
印　　次　2018年11月第1次印刷
···
出　　版　吉林科学技术出版社
发　　行　吉林科学技术出版社
地　　址　长春市人民大街4646号
邮　　编　130021
发行部电话/传真　0431-85635176　85651759　85635177
　　　　　　　　　　　85651628　85652585
储运部电话　0431-86059116
编辑部电话　0431-85635186
网　　址　www.jlstp.net
印　　刷　长春百花彩印有限公司
···
书　　号　ISBN 978-7-5578-2612-3
定　　价　49.90元
如有印装质量问题　可寄出版社调换
版权所有　翻印必究　举报电话：0431-85635186

前　言

　　家里多了一个无比可爱的小家伙，看着他，你想奉献所有，把全世界最棒的东西都送到他的面前，他的一举一动都牵动着你的心。你期盼着他能健康、快乐地成长，因为这个小家伙，你体会到了什么是世界上最幸福的事。然而，除了激动与欣喜，还会有各种各样的问题随之而来，比如，你要照顾他的起居饮食，关注他的喜怒哀乐，生病更是容不下半点的疏忽……别着急，这本书能帮你轻松解决所有问题。

　　有了这本书，不论是毫无养育经验的爸爸妈妈，还是准备带孙子、孙女的老人，都不用到处打听，只要翻开这本书，拥有20多年临床实践经验的育儿专家将亲自指导你如何养育宝宝。本书有近300条养育知识。每天只需要10分钟，你就能学到科学的育儿理念和实用的养护技巧，让宝宝得到全面的呵护。

　　少一点纠结，少一点烦恼，开开心心地当妈妈。希望这本书能帮助你更轻松、更安心地度过育儿初期，也祝福所有的宝宝健康、快乐地成长。

第一章
迎接宝宝的到来

宝宝出生了 / 16
第一声啼哭 / 16
新生儿阿普加评分 / 16

新生儿的先天反射 / 17
觅食、吮吸和吞咽反射 / 17
握持反射 / 17
紧抱反射 / 17
行走反射 / 17
爬行反射 / 17

不同的新生儿 / 18
足月儿、早产儿和过期产儿 / 18
低出生体重儿、正常体重儿和巨大儿 / 18

新生儿的特征 / 19
呼吸特点 / 19
睡眠特点 / 19
体态特点 / 19
排便与泌尿特点 / 19
体温特点 / 19

新生儿特有的生理现象 / 20
溢 乳 / 20
皮肤红斑 / 20
先锋头 / 20
鼻尖上的小丘疹 / 20
四肢屈曲 / 21
出 汗 / 21
枕 秃 / 21
挣 劲 / 21
打 嗝 / 21

新生儿的胎记 / 22
白色胎记 / 22
红色胎记 / 22
黑色胎记 / 22
（青）蓝色胎记 / 22

新生儿用品一览表 / 23
喂奶用品 / 23
洗浴用品 / 23
寝具和其他用品 / 24
婴儿护理用品 / 24
婴儿衣物 / 24
妈咪用品 / 24

给宝宝洗澡 / 25
做好沐浴前的准备 / 25
新生儿沐浴的具体步骤 / 25

给新生儿拍照的注意事项 / 29
给新生儿拍照应注意什么 / 29
给新生儿拍照的技巧 / 29

如何给宝宝正确使用尿布 / 30
尿布的相关问题 / 30
选择合适纸尿裤尺寸的技巧 / 31
何时更换大一号的纸尿裤 / 32
这样更换纸尿裤 / 32
尿布湿疹的预防 / 32

给新生儿穿衣服的要领 / 33
给新生儿挑选内衣要注意什么 / 33
贴身内衣及外衣的穿着方法 / 33

如何给宝宝穿衣服 / 34
根据宝宝的发育阶段选择衣服 / 34
尺寸以标牌为准 / 34
新衣服要先清洗再给宝宝穿 / 34
要选择100％的纯棉材料 / 34
根据衣服种类选择尺寸 / 34
不同的衣服有不同的穿衣要领 / 35

第二章
母乳胜过一切食物

母乳的特点 / 38
富含宝宝成长必需的营养成分 / 38
有利于正常泌乳 / 38
含有丰富的免疫活性细胞和多种免疫球蛋白 / 38

要坚持母乳喂养 / 39
前三天出乳困难 / 39
乳汁会越来越多 / 39
积极解决问题 / 39
一定要给宝宝喂初乳 / 39
重要的第一个月 / 40
不断地让宝宝咬乳头 / 40

顺利泌乳 / 41
产后的乳房胀痛 / 41
让乳汁分泌顺畅的乳房按摩 / 41

喂母乳时的小技巧 / 42
清洗手和乳头 / 42
选择舒适的姿势 / 42
滴出第一滴乳汁 / 42
咬乳头 / 42
拍嗝儿 / 42
挤掉剩余的乳汁 / 42

母乳喂养的姿势 / 43
躺着哺乳 / 43
坐着哺乳 / 43
站着哺乳 / 43

母乳的多与少 / 44
母乳太冲怎么办 / 44
母乳喂养不必另外喂水 / 44
母乳不足的反映 / 44

什么时候妈妈应暂停母乳喂养 / 45
感染传染疾病 / 45
服用药物期间 / 45
患有乳腺炎或严重乳头皲裂 / 45
进行放射性碘治疗 / 45
患有消耗性疾病 / 45
运动后 / 45

母乳喂养的正确步骤 / 46
母乳的挤取方法 / 47
吸奶器挤乳法 / 47
手工挤奶法 / 47

宝宝抗拒母乳怎么办 / 48
拒吃母乳的表现 / 48
追寻宝宝拒吃母乳的根源 / 48

拒吃母乳的解决方法 / 49
怎样让母乳更有营养 / 50
营养丰富 / 50
注意钙和维生素D的摄入 / 50
妈妈不要吃得太咸 / 50
妈妈要吃好 / 50
补充母乳中不足的营养成分 / 50
妈妈不要挑食 / 50

如何知道宝宝吃饱了 / 51
白天和晚上的不同喂养方法 / 52
白天母乳喂养怎么进行 / 52
夜间母乳哺喂怎么进行 / 52

解除涨奶的技巧 / 53
让宝宝尽早吸乳 / 53
利用吸奶器 / 53
按摩疗法 / 53
宽大胸罩支托法 / 53
冷敷和热敷双管齐下 / 53

上班族妈妈如何喂养 / 54
储备母乳的具体方法 / 54
母乳解冻小窍门 / 55
怎样调整喂养方法和时间 / 55

第三章
合理使用配方奶喂养

配方奶 / 58

什么是配方奶 / 58

配方奶的标识 / 58

特殊的配方奶 / 58

购买配方奶需要注意什么 / 59

部分母乳喂养 / 60

补授法 / 60

代授法 / 60

混合喂养的时间 / 60

混合喂养的方法和常见问题 / 61

混合喂养的方法 / 61

混合喂养的常见问题 / 61

奶嘴和奶瓶 / 62

如何选择奶嘴 / 62

如何选用奶瓶 / 62

如何调配奶粉 / 63

调配奶粉时注意事项 / 63

如何贮存冲好的奶粉 / 63

奶瓶的清洗和消毒 / 64

喂奶的姿势 / 65

用奶瓶喂养的正确姿势 / 65

夜间喂奶粉 / 65

宝宝不吃奶粉怎么办 / 66

喝奶粉导致腹泻怎么办 / 67

奶粉过敏 / 67

对奶粉不耐受 / 67

喝奶粉宝宝的护理 / 68

大便比较干燥 / 68

要小心吐奶 / 68

要注意肠道保养 / 68

是否有过敏现象 / 68

换奶粉的问题 / 69

不要经常给宝宝换奶粉喝 / 69

哪些情况宝宝需要更换奶粉 / 69

第四章
如何照顾0～36个月的宝宝

0～1个月 / 72

宝宝发育特点 / 72

养护要点 / 72

1～2个月 / 73

宝宝发育特点 / 73

养护要点 / 73

2～3个月 / 74

宝宝发育特点 / 74

养护要点 / 74

3～4个月 / 75

宝宝发育特点 / 75

养护要点 / 75

4～5个月 / 76

宝宝发育特点 / 76

养护要点 / 76

5～6个月 / 77

宝宝发育特点 / 77

养护要点 / 77

6～7个月 / 78

宝宝发育特点 / 78

养护要点 / 78

7~8个月 / 79

宝宝发育特点 / 79

养护要点 / 79

8~9个月 / 80

宝宝发育特点 / 80

养护要点 / 80

9~10个月 / 81

宝宝发育特点 / 81

养护要点 / 81

10~11个月 / 82

宝宝发育特点 / 82

养护要点 / 82

11~12个月 / 83

宝宝发育特点 / 83

养护要点 / 83

12~15个月 / 84

宝宝发育特点 / 84

养护要点 / 84

15~18个月 / 85

宝宝发育特点 / 85

养护要点 / 85

18~21个月 / 86

宝宝发育特点 / 86

养护要点 / 86

21~24个月 / 87

宝宝发育特点 / 87

养护要点 / 87

24~27个月 / 88

宝宝发育特点 / 88

养护要点 / 88

27~30个月 / 89

宝宝发育特点 / 89

养护要点 / 89

30~33个月 / 90

宝宝发育特点 / 90

养护要点 / 90

33~36个月 / 91

宝宝发育特点 / 91

养护要点 / 91

固齿期（出牙后）/ 102
牙齿知识小课堂 / 102
刷牙也有要领 / 103

宝宝的排便训练 / 104
如厕训练的准备 / 104
分阶段的排便训练 / 105
教宝宝上厕所 / 105

给宝宝洗澡 / 107
洗头发 / 107
洗 脸 / 107
洗身体 / 107
洗屁股 / 108
洗完之后 / 108

抱宝宝的方法 / 109
脖子不能竖起时 / 109
颈部结实以后 / 109

为宝宝防晒 / 110
如何预防宝宝晒伤 / 110
晒伤的居家护理方法 / 110

身体保养 / 111
眼 睛 / 111
鼻 子 / 111
耳 朵 / 112
脐 部 / 112
手指甲 / 113
脚趾甲 / 113
外出的注意事项 /114
交通工具的选择 / 115
宝宝出门所需物品 / 116

宝宝睡觉习惯的养成 / 92
良好睡眠的重要性 / 92
0~3岁宝宝的睡眠时间 / 93

如何哄宝宝入睡 / 95
晚上多睡，白天少睡 / 95
营造出睡觉的气氛 / 95
宝宝独自睡觉时，不能更换地方 / 95
用温水沐浴 / 95
听有节奏感的音乐或童话故事 / 96
点亮小台灯 / 96
用娃娃或玩具稳定宝宝的情绪 / 96
提供舒适的睡眠环境 / 96
培养自觉睡觉的意识 / 96

哄睡的错误做法 / 97
用摇篮床哄睡 / 97
喝着奶睡觉 / 97
看电视哄睡 / 98
用安抚奶嘴哄睡 / 98
吓唬哄睡 / 98

保护乳牙的好方法 / 100
萌牙和换牙的顺序 / 100
出牙前 / 100
出牙期 / 101

给宝宝做抚触 / 117
头　部 / 117
胸　部 / 117

选择适合的玩具 / 118
玩具要适合宝宝的发育特点 / 118
选购玩具的注意事项 / 120
清洁玩具的方法 / 120

给宝宝挑张好凉席 / 121
凉席容易带来的疾病 / 121
各类凉席的挑选方法 / 121

安全使用塑胶地垫 / 122
塑胶地垫含有哪些有害物质 / 122
如何正确使用塑胶地垫 / 122

如何给宝宝挑选护肤品 / 123
宝宝皮肤特性 / 123
护肤品挑选方法 / 123

给宝宝挑选用品的注意事项 / 124
婴儿用品要耐用和功能要全 / 124
用品清单 / 124

如何为宝宝清洗、收纳衣物 / 125
衣物的选择 / 125
衣物的清洗 / 125
衣物的收纳 / 125

宝宝哪种睡姿好 / 126
仰　卧 / 126
侧　卧 / 126
俯　卧 / 126

给宝宝清理鼻腔的方法 / 127
纸捻比棉棒更合适 / 127
清理鼻腔要小心 / 127
给宝宝清理鼻子的最好时刻 / 127
实用的宝宝吸鼻器 / 128
吸鼻器的选择 / 128
用生理盐水清洗 / 128
每天用小棉条清洗鼻子 / 128

小小围嘴帮大忙 / 129
流口水的卫生护理 / 129
围嘴的大作用 / 129
两种流口水的区别 / 130

宝宝应该选择什么样的鞋 / 131
光脚好处多多 / 131
如何为宝宝选鞋 / 131
半软底的鞋更合适 / 131

让宝宝乖乖吃药的好办法 / 132
喂药的准备 / 132
喂药方法 / 132
其他注意要点 / 132

学步车的危害 / 133
避免学步车带来的危害 / 133
安全防范措施 / 133

第五章
必知的急救基本知识

家庭急救的基本措施 / 136
如何进行人工呼吸 / 136

注意心跳 / 136

如何使用心脏起搏术 / 136

急救必备品的检查和保管 / 137
医疗用品 / 137

常用药列表 / 137

擦 伤 / 138
紧急救护措施 / 138

需送医院处理的情况 / 139

预防常识 / 139

头部撞伤 / 140
撞伤当时的紧急处理 / 140

立即叫救护车的情况 / 141

紧急处理后观察三日 / 141

烫 伤 / 142
紧急救护措施 / 142

需送医院处理的情况 / 143

错误做法 / 143

预防常识 / 143

手指受伤 / 144
指甲脱落 / 144

夹到手指 / 144

溺 水 / 145
宝宝还有意识 / 145

有脉搏，但无呼吸 / 145

有呼吸，但是身体瘫软 / 145

几小时后出现异常 / 145

宝宝没有意识 / 145

鱼刺卡喉 / 146
判断宝宝被鱼刺卡喉的标准 / 146

鱼刺卡喉的家庭处理方法 / 146

需送医院处理的情况 / 146

误 食 / 147
误食小物件 / 147

误食危险物品 / 147

误食药物 / 148

紧急情况 / 149

骨 折 / 150

紧急救护措施 / 150

需送医院处理的情况 / 150

鼻出血 / 151

鼻出血的原因 / 151

紧急救护措施 / 151

需送医院处理的情况 / 151

预防鼻出血的方法 / 151

跌 伤 / 152

紧急救护措施 / 152

需送医院处理的情况 / 152

脱 臼 / 153

紧急救护措施 / 153

需送医院处理的情况 / 153

扭 伤 / 154

孩子容易扭伤 / 154

扭伤的表现 / 154

紧急救护措施 / 154

眼睛进异物 / 155

紧急救护措施 / 155

需送医院处理的情况 / 155

鼻子或耳朵进异物 / 156

紧急救护措施 / 156

错误做法 / 156

需送医院处理的情况 / 156

预防常识 / 156

蚊虫叮咬 / 157

被蚊子叮咬 / 157

被毛虫蜇伤 / 157

被蚂蟥叮 / 157

被蜂蜇伤 / 158

被蜈蚣咬伤 / 158

植物过敏 / 159

紧急救护措施 / 159

需送医院处理的情况 / 159

预防常识 / 159

淤 青 / 160

淤青的症状 / 160

淤青的持续时间 / 160

产生淤青的原因 / 160

淤青最容易产生的部位 / 160

正确处理淤青的步骤 / 160

中 暑 / 161

紧急救护措施 / 161

需送医院处理的情况 / 161

户外活动预防中暑 / 161

第六章
辅食喂养
很关键

4~6个月宝宝的变化 / 164

确定初期添加辅食的信号 / 165

何时添加辅食 / 165

过敏宝宝晚一些添加辅食 / 165

换乳开始的信号 / 165

初期添加辅食的原则和方法 / 166

初期辅食添加的原则 / 166

初期辅食添加的方法 / 167

初期辅食食材 / 168

7~9个月宝宝的变化 / 171

中期添加辅食的信号 / 172

中期辅食添加 / 172

对食物非常感兴趣时 / 172

中期添加辅食的原则和方法 / 173

中期辅食添加的原则 / 173

中期辅食添加的方法 / 174

中期辅食食材 / 175

10~12个月宝宝的变化 / 179

后期添加辅食的信号 / 180

加快添加辅食的进度 / 180

出现异常排便应暂停添加辅食 / 180

后期辅食添加的原则和方法 / 181

后期辅食添加的原则 / 181

后期辅食添加的方法 / 181

后期辅食食材 / 182

13~15个月宝宝的变化 / 184

结束期添加辅食的信号 / 185
臼齿开始生长 / 185
独立吃饭的欲望增强 / 185

结束期辅食原则与方法 / 186
结束期添加辅食的原则 / 186
结束期添加辅食的方法 / 186

结束期辅食食材 / 187

第七章
必学的日常
养护知识

发 热 / 192
比正常体温高1℃有发热的可能性 / 192
发热不是很严重但身体出现异常反应时 / 192
高热未必患有重病 / 192
宝宝的正常体温是多少 / 192
发热是身体与疾病对抗的指征 / 193
发生下列情况时需要再次就诊 / 193
就诊指南 / 193

呕 吐 / 194
健康的宝宝也容易呕吐 / 194
需要引起注意的情况 / 194
要防止婴幼儿出现脱水症状 / 194
重大疾病必须立即就诊 / 194
就诊指南 / 195

抽 搐 / 196
宝宝发生抽搐多伴有发热症状 / 196
没有发热症状的抽搐也应引起重视 / 196
注意抽搐的时间和状态 / 196
就诊指南 / 196

大便的颜色 / 197
红色大便、黑色大便和白色大便 / 197
健康的大便也会有变化 / 197
就诊指南 / 197
授乳期宝宝的大便 / 198

便 秘 / 199
大便硬且无法顺利排出 / 199
排便时间长 / 199
可能患有先天性异常 / 199
就诊指南 / 199
注意宝宝的排便状态和排便次数 / 199

排 尿 / 200
排尿量和次数减少时很可能是脱水 / 200
尿频并发热可能是尿路感染 / 200
多关注宝宝的尿量和颜色的变化 / 200
就诊指南 / 200

眼 / 201
眼部分泌物多应该就诊 / 201
应注意其他症状 / 201
应仔细观察瞳仁、眼白的状态 / 201
就诊指南 / 201

耳 / 202
多留心宝宝的耳部疾病 / 202
听力有问题应去耳鼻喉科就诊 / 202
耳部形态异常可能要手术治疗 / 202
就诊指南 / 202

口 / 203

舌头异常可能患有的疾病 / 203

饮食量下降可能是口腔内有炎症 / 203

脸颊内侧、舌部呈白色 / 203

就诊指南 / 203

牙 齿 / 204

乳牙开始生长在出生后6个月左右 / 204

有的宝宝出生时就长有牙齿 / 204

龋齿的预防和检查 / 204

就诊指南 / 204

手、足 / 205

成长过程中很容易发生肘内障 / 205

就诊指南 / 205

生殖器 / 206

应保持阴部的日常清洁 / 206

宝宝阴茎包皮是常见现象 / 206

定期健康检查也能发现疾病 / 206

就诊指南 / 206

食欲下降 / 207

健康，但是食欲缺乏 / 207

突然食欲下降可能是因为患病 / 207

就诊指南 / 207

哭泣方式 / 208

哭泣不止时对宝宝进行身体检查 / 208

哭泣方式和平时不同的时候 / 208

就诊指南 / 208

腹 泻 / 209

大便松软和腹泻是不同的 / 209

预防脱水和臀部长斑疹 / 209

护理要点 / 209

就诊指南 / 210

咳 嗽 / 211

咳嗽是为了把痰咳出来 / 211

给宝宝创造一个舒适的环境 / 211

护理要点 / 211

就诊指南 / 212

发 疹 / 213

宝宝生病常常伴随有发疹症状 / 213

皮肤疾病的预防和护理关键是清洁 / 213

护理要点 / 213

皮肤的作用 / 214

皮肤的构造 / 214

就诊指南 / 214

流鼻涕、鼻塞 / 215

如何能让宝宝的鼻子通畅 / 215

护理要点 / 215

就诊指南 / 215

第一章

迎接宝宝的到来

宝宝出生了

第一声啼哭

新生儿的第一声啼哭很重要，这说明他小小的肺部已经开始工作了。产科医生会用器械吸新生儿的嘴巴和鼻腔，以清除残留在里面的黏液和羊水，从而确保鼻孔完全打开，能畅通地呼吸。接着，护士用毯子把新生儿抱起来送到你身边，让你们亲近一会儿。如果胎儿早产或是出现呼吸困难，就会立刻被送入新生儿特护病房，接受检查。如果新生儿体重超过5千克则要验血，因为过重的新生儿在出生后的几小时内有可能出现低血糖症。

新生儿阿普加评分

新生儿在出生后需要接受人生中第一次测试评分，被称为阿普加评分，是医生经过对新生儿总体情况的测定后打出的分数。这次测试包括新生儿的肤色、心率、肌肉张力及呼吸力、对刺激的反应等项，以此来检查新生儿是否适应了生活环境从子宫到外部世界的转变。然后，护士会给新生儿称体重、量身长，护士会用听诊器检查新生儿的心脏和肺部，给他测体温，并检查他是否有异常症状，如脊柱裂等。之后护士会再次测量新生儿的身长、体重和头围，然后给他洗个温水澡。

这种评分是对新生儿从母体内到外环境中生活的生存能力和适应程度进行估算，也为宝宝今后神经系统的发育提供了一定的预测性。但家长不用过分关注这个分数，8~10分皆为合格的新生儿，不是只有满分的新生儿才是健康的。

项目	得2分	得1分	得0分
皮肤的颜色	全身皮肤粉红	躯干粉红，四肢青紫	全身青紫或苍白
心率	心跳频率大于每分钟100次	小于每分钟100次	没有心率
对刺激的反应	用手弹新生儿足底或插鼻管后，新生儿出现啼哭、打喷嚏或咳嗽	只有皱眉等轻微反应	无任何反应
四肢肌张力	四肢动作活跃	四肢略屈曲	四肢松弛
呼吸	呼吸均匀、哭声响亮	呼吸缓慢而不规则或者哭声微弱	无呼吸

新生儿的先天反射

觅食、吮吸和吞咽反射

当你用乳头或奶嘴轻触新生儿的脸颊时，他就会自动把头转向被触的一侧，并张嘴寻找。这种动作就是觅食反射。

每个新生儿出生时都具有吮吸反射，这是最基本的反射行为，这种反射使新生儿能够进食。将奶嘴放进新生儿口中，他就开始吮吸，且吮吸运动极其强烈，甚至在乳头的吮吸刺激移之后仍会继续很长时间。吮吸的同时，新生儿天生会吞咽，这也是一种反射。吞咽行为可以帮助新生儿清理呼吸道。

握持反射

儿科医生都会检查新生儿的握持反射。测试方式是把手指放在新生儿的手心，看看他的手指会不会自动握住医生的手指。很多新生儿的反应都很强烈，紧紧攥住别人的手指，甚至你可以这样把他们提起来（但是建议你不要做这个尝试）。

这种反射一般在3~5个月消失。当你轻触他的脚底时，你会发现他的脚趾也蜷了起来，好像要抓住什么东西似的，这样的反射将持续一年。

紧抱反射

紧抱反射也被称为"惊吓"反射或莫罗氏反射。将新生儿的衣服脱去，儿科医生会用一只手托着新生儿的臀部，另一只手托着他的头，然后突然使新生儿的头及颈部稍向后倾，正常的宝宝会四肢外展、伸直，手指张开，好像在试图寻找可以附着的东西，然后新生儿会缓缓地收回双臂，握紧拳头，膝盖蜷曲缩向小腹。紧抱反射消失的时间是在宝宝2个月的时候。

行走反射

用双手托在新生儿腋下竖直抱起，使他的脚触及结实的表面，他会移动他的双腿做出走路或跨步动作。如果他的双腿轻触到硬物，他就会自动抬起一只脚做出向前跨步的动作。这种反射会在1个月消失，与新生儿学走路没有关系。

爬行反射

当新生儿趴着的时候，会很自然地做出爬行姿势，撅起屁股，膝盖蜷在小腹下。这是因为他的双腿就像在子宫里面一样仍然朝向他的躯体蜷曲。当触碰他的双腿时，他或许能够以不明确的爬行姿势慢慢挪动，实际上只是在小床上做轻微地向上移动。

不同的新生儿

足月儿、早产儿和过期产儿

类型	标准	表现
足月儿	指胎龄满37~42周的新生儿	各器官、系统发育基本成熟，对外界环境适应能力较强
早产儿	胎龄满28周至不满37周的新生儿	尚能存活，但由于各器官系统未完全发育成熟，对外界环境适应能力差，患各种并发症的概率大，因此要给予特别的护理
过期产儿	胎龄满42周以上的新生儿	过期产儿并不意味着他们比足月儿发育得更成熟，相反，一部分过期产儿是由于母亲或胎儿患某种疾病造成的，出生后危险性更大，所以一定要认真监护

低出生体重儿、正常体重儿和巨大儿

类型	标准	表现
低出生体重儿	出生体重小于2.5千克的新生儿	低出生体重儿大部分为早产儿，部分为过期产儿。这样的宝宝有一套严格的护理方法，请严格按照医生的建议进行护理
正常体重儿	出生体重在2.5~4千克的新生儿	足月正常体重儿是最健康的宝宝，可参考本书内容进行护理
巨大儿	出生体重超过4千克的新生儿	部分巨大儿是由于母亲或胎儿患某些疾病所致，如母亲患糖尿病，胎儿有Rh溶血症等，所以不能盲目认为新生儿越胖越好，要加强监护

新生儿的分类方法有多种，最常用的是依据胎龄分类和依据体重分类。

新生儿的特征

呼吸特点

新生儿以腹式呼吸为主，每分钟40～45次。新生儿的呼吸不规律，这是正常现象，不用担心。

睡眠特点

新生儿除饮食时间外，几乎全处于睡眠状态，每天需睡眠20小时以上。

整个新生儿期睡眠时间不一样。早期新生儿睡眠时间相对要长一些，每天可以达到20小时以上；随着日龄增加，睡眠时间会逐渐减少。晚期新生儿睡眠时间有所减少，每天在16～18小时。出生后24小时内，可采取右侧卧位，在颈下垫块小手巾，并定时改换另一侧卧位，否则由于新生儿的头颅骨骨缝没有完全闭合，长期睡向一边，头颅可能变形。如果新生儿吮吸乳汁后经常吐奶，哺乳后要取右侧卧位，以减少漾奶。

体态特点

清醒状态下，新生儿总是双拳紧握，四肢屈曲，显出警觉的样子；受到声响刺激时，四肢会突然由屈变直，出现抖动。新生儿颈、肩、胸、背部肌肉尚不发达，不能支撑脊柱和头部，所以父母不能竖着抱新生儿，必须用手把新生儿的头、背、臀部几点固定好，否则会造成脊柱损伤。

排便与泌尿特点

新生儿一般在出生后12小时开始排胎便。胎便呈深绿、墨绿色或黑色黏稠糊状，是胎儿在母体子宫内吞入羊水中胎毛、胎脂、肠道分泌物而形成的。3～4天胎便可排尽，哺乳之后，排便逐渐呈黄色。吃奶粉的宝宝每天排1～2次便，母乳喂养的宝宝排便次数稍多些，每天4～5次。若新生儿出生后24小时尚未见排胎便，则应立即请医生检查，看是否存在肛门等器官畸形。在出生后36小时之内排尿都属正常。随着哺乳摄入水分，新生儿的尿量逐渐增加，每天可达10次以上，日总量可达100～300毫升，满月前后可达250～450毫升。

体温特点

每隔2～6小时测一次，做好记录（每日正常体温应波动在36～37℃），出生后常有一过渡性体温下降，经8～12小时渐趋正常。新生儿一出生便要立即采取保暖措施，可防止体温下降，尤以冬寒时更为重要，室内温度应保持在24～26℃。

新生儿特有的生理现象

溢 乳

溢乳即漾奶，是新生儿常见的现象，就好像宝宝吃多了，有时会顺着嘴角往外流奶，或有时一打嗝就吐奶，这些一般都属生理性的反应，这与新生儿的消化系统尚未发育成熟及其解剖特点有关。正常成人的胃都是斜立着的，并且贲门肌肉与幽门肌肉一样发达。而新生儿的胃容积小，胃呈水平位，幽门肌肉发达，关闭紧；贲门肌肉不发达，关闭松，这样，当新生儿吃得过饱或吞咽的空气较多时就容易发生溢乳，这对新生儿的成长并无影响。

只要每次哺乳后，竖抱起新生儿轻拍后背，即可把咽下的空气排出来，且睡觉时应尽量采取头稍高的右侧卧位，便会减少溢乳的发生。采取侧卧位还可预防乳汁误入呼吸道引起的窒息。为了防止宝宝头形睡歪，应采取这次哺乳后右侧卧位，下次哺乳后左侧卧位，同时还可避免误吸乳汁到呼吸道的危险发生。若发生呛奶，应立即采取头俯侧身位，并轻拍背，将吸入的乳汁拍出。有些新生儿吐奶后一切正常，也很活泼，则可以试喂，如新生儿愿意吃，那就让新生儿吃好；而有些新生儿在吐奶后胃部不舒服，如马上再次哺乳，新生儿可能不愿吃，这时最好不要勉强，应让新生儿的胃部充分休息一下。

一般情况下，吐出的奶远远少于吃进去的奶，家长不必担心，只要新生儿生长发育不受影响，偶尔吐一次奶也无关紧要。若每次吃奶后必吐，那么就要做进一步检查，以排除因疾病而导致的吐奶。

皮肤红斑

新生儿出生头几天，可能出现皮肤红斑。红斑的形状不一，大小不等，颜色鲜红，分布全身，以头面部和躯干为主。新生儿会有不适感，但一般几天后即可消失，很少有超过1周的情况。有的新生儿出现红斑时，还伴有脱皮的现象。一般情况下，新生儿红斑对健康没有任何威胁，不用处理便可自行消退。

先锋头

胎儿在分娩过程中随着阵阵宫缩，头部受到产道的挤压，使颅骨发生顺应性变形而被挤长。同时，头皮也由于挤压而发生先露部分头皮水肿，用手指压上去呈可凹陷性鼓包，临床称产瘤。一般宝宝出生后1～2天可自然消退。对新生儿健康无影响，不需要进行特殊处理。

鼻尖上的小丘疹

新生儿出生后，在鼻尖及两个鼻翼上可以见到针尖大小、密密麻麻的黄白色小结节，略高于皮肤表面，医学上称粟粒疹。这主要是由于新生儿皮脂腺潴留引起的。

几乎每个新生儿都可见到，一般在出生后1周就会消退，属于正常的生理现象，不需任何处理。

四肢屈曲

细心的家长都会发现自己的宝宝从一出生到满月，总是四肢屈曲，有的家长害怕宝宝日后会是罗圈腿，干脆将宝宝的四肢捆绑起来。其实，这种做法是不对的，正常新生儿的姿势都是呈英文字母"W"和"M"状，即双上肢屈曲呈"W"状，双下肢屈曲呈"M"状，这是健康新生儿肌张力正常的表现。

随着月龄的增长，四肢逐渐伸展。而罗圈儿腿即"O"形腿，是佝偻病所致的骨骼变形，与新生儿四肢屈曲毫无关系。

出 汗

新生儿手心、脚心极易出汗，睡觉时头部也会微微出汗。因为新生儿中枢神经系统发育尚未完全，体温调节功能差，易受外界环境的影响。当周围环境温度较高时，宝宝会通过皮肤蒸发水分和出汗来散热。

妈妈要注意居室的温度和空气的流通。

枕 秃

新生儿枕秃，并不是新生儿缺钙的特有体征。枕头较硬、缺铁性贫血及其他营养不良性疾病，都可导致枕秃。

挣 劲

新手妈妈常常问医生，宝宝总是挣劲，尤其是快睡醒时，有时憋得满脸通红，是不是宝宝哪里不舒服呀？事实上宝宝并没有不舒服，相反，他很舒服。新生儿憋红脸，那是在伸懒腰，是活动筋骨的一种表现，妈妈不要大惊小怪。把宝宝紧紧抱住，不让宝宝挣劲，或带着宝宝到医院，都是不必要的。

打 嗝

新生儿吃得急或吃得不舒服时，就会持续地打嗝儿。有效的解决办法是，妈妈用中指弹击宝宝足底，令其啼哭数声，哭声停止后，打嗝儿也就停止了。如果没有停止，可以重复上述方法。

弹击足底抑制打嗝儿的办法，在操作中常常失败的原因往往是妈妈心疼孩子，不舍得用力，宝宝哭的程度和时间都不够。宝宝哭上几声，比宝宝持续打嗝儿要好受得多。新生儿的哭，有利于锻炼身体。想想看，如果助产士不拍打新生儿的足底，不刺激新生儿大声地哭，新生儿的肺脏就不可能完全张开，就不会有充分的气体交换，就可能出现湿肺的病变。所以说，当宝宝打嗝儿时，弹击宝宝足底，使小家伙放声大哭，不仅抑制了打嗝儿，还锻炼了身体，妈妈们放心去做吧！

新生儿的胎记

白色胎记

白色胎记，医学上称之为色素脱斑，往往呈椭圆形，像一片片尖尖的树叶，有的则呈不规则的多边形。有这类胎记的孩子，父母要注意孩子可能发生的抽风、癫痫，以及智力发展障碍等症状。

红色胎记

红色胎记常常可以在新生儿的前额部分或者颈背部看到。有的会凸起在皮肤之外，一般都没有什么危险。但是有一种称为面部血管痣的却可以导致脑膜血管瘤。这种面部血管痣常长在孩子的面部一侧，容易波及影响孩子眼、眉部位的神经血管，孩子往往产生抽搐，甚至并发肢体瘫痪，有这种病变的孩子也常会产生智力障碍，大约25%有这种现象的孩子会得青光眼。

部分红色胎记可在8岁内自行消退，因此，不应在儿童期急于治疗，如果血管瘤仅是随着身体长大而适当增大或停止增长，而且没有明显引起器官或功能的损害，都应观察而不必急于处理。

黑色胎记

有的宝宝会有少数黑色的胎记，这没有什么问题。但是有的孩子身上会有大量的黑斑花纹，像线条状或旋涡状的大理石纹路，分布在四肢和躯干上。这样的孩子也可能出现智力障碍、癫痫症状。尤其值得注意的是，女孩的发病率明显高于男孩。

黑色胎记中有平常所谓的黑色素痣，带有毛发的称之为黑毛痣，如果局部的皮肤增厚如兽皮即为兽皮样黑痣等。

对于那些不能自行消退、影响外观及有癌变可能的胎记则要及时进行治疗。

（青）蓝色胎记

蓝色胎记比较常见，大多分布在宝宝的背、腰、臀部。这些蓝色胎记有时面积比较大，有时数量较多，但是不用担心的，这样的胎记和神经疾病无关，而且它们往往会随着孩子年龄的增长逐渐消退。宝宝臀部的青斑是一种叫蒙古斑的色素改变，多见于宝宝的尾骶部和左右臀部，形状不规则、大小不等。

孩子出生乃至以后的一段时间里，常可以看到身上有青色的斑块，这就是俗称的"胎记"。

胎记多见于孩子的背部、骶骨部、臀部，少见于四肢，偶发于头部、面部，形态大小不等，颜色深浅各有差异。

22

新生儿用品一览表

喂奶用品

物品	标准或用途	数量
奶瓶	耐热的玻璃奶瓶	3～5个
奶嘴	奶嘴孔的大小要根据宝宝的月龄来选择	每阶段2～3个
奶瓶刷、奶嘴刷	用于清洁奶瓶和奶嘴	1个
奶瓶消毒锅	高温蒸汽消毒奶瓶及餐具，有烘干功能的最好	1个
奶瓶夹	消毒时用来夹奶嘴和奶瓶	1个
吸奶器	用于挤出积聚在乳腺里的母乳，可根据需要选择手动或者电动	1～2个
清洁剂	清洗奶瓶及餐具，有机无香味的较好	1瓶
母乳保存袋	用于装吸出的母乳，冷冻备用	多个
奶粉盒	多格或多层式的均可	1个
暖奶器	加温牛奶和辅食时使用	1个
奶瓶晾晒架	将奶瓶和奶嘴清洗之后倒放在架上	1个
奶粉	母乳喂养的话准备一小桶即可	1桶

洗浴用品

物品	标准或用途	数量
浴盆	选择大号的宝宝专用浴盆，可以洗澡和玩水	1个
浴架	可挂在浴盆上使用，预防宝宝溺水	1个
水温计	可以测量洗澡水的水温	1个
沐浴用品	婴儿专用的沐浴液、洗发液、爽身粉、护臀霜、润肤油	各1个
洗衣液	婴儿专用的洗衣液或洗衣皂	1瓶
浴巾	纯棉、质地柔软	4个
洗澡玩具	小鸭子一类的塑料玩具	1～2个

寝具和其他用品

物品	特点或用途	数量
婴儿床	最好选择木质的婴儿床	1个
床垫	选择不是很软的床垫	1个
护围	防止翻身时撞伤头部	1个
被褥	纯棉材质	2床
枕头	3个月之后才会使用	2个
包被	包裹新生儿用的，出院时抱宝宝回家时需要使用	2个

婴儿护理用品

物品	特点或用途	数量
体温表	耳式较佳，最好不选水银体温计	1个
指甲钳指甲锉	可选婴儿专用指甲钳	1个
纱布	用来擦拭宝宝的口水	多个
棉签	用来擦拭宝宝的鼻子、耳朵	多个
尿布	纯棉材质、柔软	30块
纸尿裤	根据宝宝使用的号码选择	2包
围嘴	实用性强，主要用于防脏	3条

婴儿衣物

物品	特点或用途	数量
内衣	纯棉，吸湿性强，耐洗，背部不要有扣，连体衣也可	6个
帽子	根据季节选择	1顶
袜子	宽松不箍脚脖子	2双
外出衣物	连体棉服、毛衣、毛裤等	各1~2件
睡袋	根据家里温度选择厚薄	1个

妈咪用品

物品	特点或用途	数量
文胸	无钢圈的较佳	3个
溢乳垫	一次性和可洗的均可	多个
哺乳衣	方便哺乳用	3套
棉拖鞋	带后脚跟的拖鞋	1双
束腹带	产后收腹时使用	1条
卫生巾	产后出现恶露时使用	3包
乳头保护霜	用于保护乳头	1瓶

给宝宝洗澡

做好沐浴前的准备

1.在往宝宝浴缸里注水的同时，要准备好换用的衣物及尿布等。在台子上准备好外衣和内衣及沐浴后使用的浴巾。

2.适合宝宝沐浴的水温大约与母亲羊水的温度相同，在42℃左右。

3.让宝宝躺在浴巾上，将其衣服脱下来，并且在身上盖块布，以免宝宝惊慌。

到1个月左右的时候，可以用宝宝浴缸给宝宝洗澡。洗的时间过长宝宝会感到疲劳，而且水的温度也会下降，所以，控制在10分钟之内为佳。

最好在哺乳结束2个小时以后再沐浴。刚刚哺乳以后，很容易吐奶，因为宝宝消化功能低下，所以尽量避开此时间段。另外，哺乳之前也不合适，因为那时候宝宝处于空腹状态，对身体健康不利。

新生儿沐浴的具体步骤

宝宝的身体还不结实，所以在放入浴缸时要用手托住头部和颈部。

1.妈妈再次检查一遍水温，要求不烫也不凉，大约与人的皮肤的温度相当。

2.将纱布弄湿后清洗宝宝的脸部皮肤，这个时候先不要将宝宝的浴巾拿掉。

3.清洗宝宝的额头。

4.清洗宝宝眼睛周围。

5.清洗宝宝
嘴唇周围。

8.洗头之后，用一只手的拇指和中指放在宝宝的耳后，并托住颈部，另一只手将双腿撩起后托住屁股。

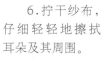

6.拧干纱布，仔细轻轻地擦拭耳朵及其周围。

7.将沐浴液搓出泡沫来揉在纱布上洗头发。

10.将宝宝放在洗澡架上，用纱布盖住肚脐，这阶段的宝宝脐部容易感染，应避免弄湿。

12.轻轻地清洗宝宝的胳膊，宝宝要是胖的话，就要仔细清洗褶皱处。

9.如果宝宝冷了或者不高兴了，也可以用浴巾包起来哄一哄。

11.一只手将宝宝的头部向右侧倾斜，另一只手清洗宝宝的脖颈。

14.用纱布清洁宝宝的腋下。

13.妈妈用拇指将宝宝的手指轻轻分开，用香皂泡沫轻轻地清洗。腕部的清洗用力要轻。

15.洗另一只胳膊和小手。

16.把纱布弄湿，揉搓香皂沫，然后擦洗宝宝的大腿根部。

17.用拇指仔细地清洗宝宝的屁股和性器官，但要注意手指甲不要划到皮肤。男孩的生殖器要特别注意清洗干净。

18.生殖器下面也要清洗干净，尤其褶皱部，要特别认真清洗。

19.香皂打出泡沫后，用手掌搓洗肚子。当脐部没有完全干燥之前，不要去碰它。

20.轻轻地用手握住宝宝的脚部，从下到上轻轻地滑过。脚底也要仔细清洗。

21.用手掌搓洗宝宝的胸部，力量要轻，注意不要一味地去碰宝宝的乳头。

22.用空出的一只手放在宝宝头部的后方，支在两耳之后，缓慢将宝宝的重心转移到这只手上。

23.背部朝上以后，可以用空出的一只手擦沐浴液，不要忘记清洗仰面时未清洗到的宝宝头后。

24.一只手托住宝宝的脖子,让宝宝仰起脖子,清洗宝宝的脖子。

25.将宝宝的颈部以下再浸没到水中,可以用手掌抚摸宝宝的身体,让宝宝放松下来。

26.清洗宝宝的肛门。

Tips

注意沐浴的姿势

当将宝宝的头部向妈妈的大拇指方向旋转时,让宝宝的胳膊搭在妈妈的手臂上,这样在旋转的时候,宝宝的双手就不能活动了。

给新生儿拍照的注意事项

给新生儿拍照应注意什么

父母给出生的宝宝拍照留作纪念完全可以，但要注意不要使用闪光灯等强光直射拍摄。原因是：新生儿的眼睛受到较强光照射时，还不善于调节，同时由于视网膜发育尚不完善，遇到强光可使视网膜神经细胞发生化学变化，瞬目及瞳孔对光反射均不灵敏，泪腺尚未发育，角膜干燥，缺乏一系列阻挡强光和保护视网膜的功能，所以新生儿遇到电子闪光灯等强光直射时，可能引起眼底视网膜和角膜的灼伤，甚

至有导致失明的危险。美国研究人员对333名早产儿调查发现，在婴儿室被灯光直接照射的早产儿比放在保温箱中的早产儿眼部发生损伤的概率增加了36%。婴儿室的灯光越强，越容易导致早产儿失明及其他视觉障碍。所以给新生儿照相只能用自然光源侧光或逆光。

切不可觉得一两次的视力伤害不会造成危害，做父母的一定要多为宝宝的健康考虑。

给新生儿拍照的技巧

新生儿出生后是以睡觉的方式来逐渐适应光亮的环境的，如刚出生的新生儿白天睡觉的时间比夜间长。

时刻准备着	相机就放在宝宝不远处，保证电池电量充足
避免红眼	选择一个可以调整红眼特征的相机，真正展现宝宝清澈的双眼
避免强光	避免强光——宝宝对强光，包括刺眼的太阳光和闪光灯都非常敏感，白天不用闪光灯，晚上室内可把灯光打亮
多拍几张	运用连拍功能或者多按几下快门，可以拍到更多的精彩瞬间，有助于做出选择
朴素背景	背景不要杂乱。照片的焦点应该是宝宝，所以朴素的背景最适合

如何给宝宝正确使用尿布

尿布的相关问题

新生儿时期要随时注意尿布情况

新生儿一般一天要排10次左右的小便和2～3次的大便，但是宝宝之间会有个体差异。一般在授乳前和授乳后分别查看尿布的情况就可以。在给宝宝擦屁股的时候，从前往后擦是正确的方法。特别是女孩子，如果反过来擦，大便会进入尿道从而容易引发炎症。系尿布的时候，为了能让腿部灵活地活动并让褶皱出现得少一点，尿布不要折得太宽；为了不压到或夹到肚子，要把尿布系在肚脐以下。

通过大便检查宝宝的健康

宝宝的大便能说明宝宝的身体健康状况。每次换尿布的时候要注意宝宝大便的情况，从而检查宝宝的身体状况。例如：宝宝的大便是不是太稀了，宝宝是不是因为便秘而痛苦，大便里面是否掺有血丝之类的东西。

掌握排便时间

刚出生的宝宝由于排便次数多，很难找到排便规律。但是从宝宝出生后5个月开始喂食断乳食品后，宝宝的排便次数会逐渐减少且变得有规律。妈妈只要稍微注意一下就能掌握宝宝的排便规律。事先掌握宝宝的排便时间，根据这个时间给宝宝换尿布，换尿布这种事情就变得轻松多了。

需要的物品最好放在一起

找一个盒子将新的尿布、爽身粉、手纸、湿巾、湿毛巾等换尿布时需要的物品都放在一起。这样，妈妈在换尿布的时候就不会因为找不到东西而变得手忙脚乱了。

布尿布需要准备30张左右

宝宝吃多少就会排多少，出生后24小时之内就会开始排小便。出生后1周内每天会排小便10次，出生后2周起，每天会排小便15～20次。如果只使用布质尿布，宝宝每次大小便时就都需要更换尿布，一天至少需要20张尿布。如果把洗尿布和晾干的时间考虑进去的话，最好准备30张左右。

布尿布和纸尿裤最好一起使用

纸尿裤不用清洗是最大的优点。但是，如果考虑宝宝的皮肤和环境，使用对皮肤无任何刺激的布尿布是最好的。选择何种尿布一般要根据妈妈的喜好来定，但是一般来说，白天使用布尿布，夜间或外出时使用纸尿裤，是一种不错的方法。

布尿布因为需要反复多次使用，所以平时的管理很重要。如果大小便直接放着不管，就会滋生细菌，所以要及时单独清洗。简单清洗后不可以和其他衣物放在一起。

1.准备一个大便用洗衣筐和小便用洗衣筐。有待洗衣物时，先将它们分类。把尿布浸泡在水里反而更容易滋生细菌。

2.先将大便抖到便池里，然后用肥皂进行简单清洗。简单清洗后如果还浸泡在水里的话也会滋生细菌，所以要在5个小时之内再次洗涤。

3.尿布每次都要煮一下。出现尿布疹或汗渍的时候可以直接用清水煮。宝宝出生10个月后可以每两天煮1次。

4.煮后要多漂洗几次，将洗涤剂去除干净。最后漂洗时可放一点食醋，这样不但可以中和洗涤剂和氨水，尿布也会变白。

5.把尿布放在直射光线下晾晒是最好的。即使天气不好，也不要把尿布铺着晾晒。

选择合适纸尿裤尺寸的技巧

各种品牌的纸尿裤的外包装上都会有该尺寸纸尿裤适宜的体重。但妈妈也要注意，即使是同样的体重，腰部和大腿部分的尺寸还是有个人差异的。包装上的体重可以作为购买的参照。但是，如果宝宝的肚子和大腿都被纸尿裤勒得很紧的时候，那就需要更换大一号的了。

何时更换大一号的纸尿裤

当妈妈看到以下情况出现时，就应该给宝宝更换大一号的纸尿裤了：

1. 当宝宝的大腿和肚子部分有被纸尿裤勒出较深的痕迹时；
2. 宝宝平时穿的纸尿裤看上去很紧的样子；
3. 宝宝的体重已经超过纸尿裤外包装上示意的体重时；
4. 当穿着纸尿裤，大小便也会渗漏出来的时候；
5. 当给宝宝穿纸尿裤时，觉得很不方便的时候；
6. 给宝宝穿上的纸尿裤很容易脱落的时候。

购买不同牌子但同样型号的纸尿裤

当宝宝的肚子被纸尿裤勒紧的时候，妈妈会选择较大尺寸的纸尿裤，但是这样做也会出现另一种情况，那就是太松了。因为纸尿裤虽然都分型号，但不同厂家的产品，同型号的纸尿裤也会大小不同。所以妈妈在买的时候，可以买些不同牌子但同样型号的纸尿裤。

纸尿裤不要一次买太多，宝宝长得很快，小号纸尿裤很快就不能用了，绝不能为了节省让宝宝坚持穿小号纸尿裤。

这样更换纸尿裤

纸尿裤因为使用方便，所以第一次当妈妈的人也可以轻易地学会如何使用。给宝宝抬腿的时候，不要只抓着宝宝的脚踝，一定要连大腿根部一并自然地抬起。

1. 将手放到屁股根部，一边将腰部托起，一边把新的纸尿裤铺在下面。

2. 自然地分开宝宝的双腿，让纸尿裤的中间部分露在两腿中间。

3. 如果宝宝处在新生儿时期，则要注意纸尿裤不可以挡住肚脐。

4. 粘贴腰部的粘贴胶带时要左右对称，还要仔细检查背部和大腿位置粘得是不是太松或太紧。

尿布湿疹的预防

新生宝宝，由于尿布湿了未及时更换，尿液刺激皮肤而发红，发展下去会引起小水疱、糜烂等症状，在医学上称为"尿布疹"，也就是人们俗说的"红屁股"。宝宝大便次数多的时候，每次一定要将脏污擦拭干净，冲洗屁股，使其时刻保持干净，并且每次清洗后涂抹些白色的医用凡士林或者润肤霜就更好了。已经发生红臀的新生儿，切勿用肥皂水洗屁股。

淋浴冲洗

当宝宝能够抓立以后，可以用淋浴的方式进行彻底的清洗。

保持干爽

宝宝屁股清洁完毕后，在换新的内裤之前，一定要将屁股擦干。可以用扇子扇干，也可以用电吹风的弱风低温吹干。

给新生儿穿衣服的要领

给新生儿挑选内衣要注意什么

1.因宝宝皮肤最外层耐磨性的角质层很薄，所以内衣质地要柔软，不要接头过多，翻看里边的缝边是否因粗糙而发硬，尤其要注意腋下和领口处。给新生儿买缝边朝外的内衣最合适。

2.要选用具有吸汗和排汗功能的全棉织品，以减少对宝宝皮肤的刺激，从而避免发生皮肤病。

3.注意内衣的保暖性，最好是双层有伸缩性的全棉织品。

4.宝宝脖子较短，为方便穿脱，内衣的款式要简洁，宜选用传统开襟、无领、系带子的和尚服。

5.内衣色泽宜浅淡、无花纹或仅有稀疏小花图案，以便及早发现异常情况，还可避免有色染料对宝宝皮肤的刺激。

贴身内衣及外衣的穿着方法

1.将贴身内衣及外衣提前叠好放置，注意将袖子完全展开。

2.将内衣衣袖展开，妈妈的手从袖口进入，牵出宝宝的胳膊，再穿另一侧。

3.不要系得太紧，将领子松散着，仅将内衣的布带系结实即可。

4.将外衣袖伸开，妈妈的手从袖口进入，牵出宝宝胳膊，再穿另一侧。

5.最后将外衣的纽扣扣上即可。

宝宝在小的时候，身体很柔软，给宝宝穿衣有一定的难度。但稍加注意，就会变成一种乐趣。

根据宝宝的发育阶段选择衣服

从宝宝出生后一直到24个月时，这一期间是宝宝生长发育最迅速的时期。这一时期的宝宝可以说每天都在变化，所以，给宝宝穿衣服最重要的原则就是：根据宝宝的发育阶段选择适合宝宝的衣服。因此在给宝宝选择衣服的时候，要仔细确认其是否有这一发育时期所必需的一些功能。市面上根据月龄生产的婴儿衣服种类各式各样，所以要仔细挑选。

尺寸以标牌为准

宝宝衣服的尺寸以标牌为准即可。例如，标牌上如果标有"号码80"，指的就是这件衣服适合身高为80厘米左右的宝宝穿。制造商不同，表示尺寸的方式可能多少也有一些差异，但是80号或90号都是为身高在75～90厘米的宝宝准备的。

尺码	衣长（cm）	胸围（cm）	袖长（cm）	后宽（cm）	裤长（cm）	腰围（cm）	臀围（cm）
60	50	53	25	-	-	-	-
70	53	55	27	-	-	-	-
80	56	58	29	-	-	-	-
90	60	62	31	-	-	-	-
-	-	-	-	-	-	-	-
-	-	-	-	-	-	-	-

新衣服要先清洗再给宝宝穿

即使是买到了合适的衣服，也不要把新衣服直接给宝宝穿。因为新衣服还残留着有害物质，很有可能伤害宝宝敏感的皮肤。新衣服还有可能带有胶水或灰尘，所以一定要把新衣服先清洗一次。

有的衣服商标是贴在内侧的，商标或洗涤标识等这种能直接接触到宝宝皮肤的东西都要剪掉。即使是棉质的，接触皮肤后也有可能使皮肤发红，因此，要沿着缝合线仔细剪掉。

要选择100%的纯棉材料

宝宝的衣服要选择触感柔软，对皮肤无刺激、透气性和吸水性好的100%纯棉材料。另外，要选择容易穿脱的衣服，特别是对于垫纸尿布的宝宝，最好选择容易更换尿布的衣服。

根据衣服种类选择尺寸

许多妈妈在挑选宝宝衣服的时候都喜欢买大一点的尺寸。但是，根据衣服的种类不同，尺寸的选择也会有所不同，这点是要注意的。带松紧的裤子要选择正好的尺寸，背带裤等要选择大一号的尺寸。

不同的衣服有不同的穿衣要领

给新生儿穿衣服的时候要时常记得把脖子和屁股抬起来，保持比较舒适的姿势。又快又安全的穿衣方法如下：

套头上衣

1.将上衣卷起后把领子用双手撑得大一点，然后把头伸进去直到脖子部分。

2.妈妈将手伸到衣服袖子里把袖子撑开，然后用另一只手将宝宝的手臂伸入袖子内套上袖子。

3.为了不让衣服堆在背部，要用手把背部的衣服整理一下。

开衫上衣

1.先把上衣铺好，然后把宝宝放在衣服上面。

2.为了让宝宝的手臂进得更方便，先将衣服袖子卷起来。

3.从袖子的外侧轻轻地把宝宝的手拉出来，把袖子套上。另一侧也使用相同方法。

4.将衣服舒展开后，留出需要的部分，然后把带子系上。

裤子

1.将裤腿反过来套在妈妈的手臂上，然后抓着宝宝的脚，小心地把裤腿套上。

2.另一种方法是：将裤腿卷起来，抓着宝宝的脚腕，将宝宝的脚伸入裤腿内。

3.将两条裤腿套上之后，一边用一只手托着屁股，一边慢慢地将裤子提起来。

第 二 章

母乳胜过一切食物

富含宝宝成长必需的营养成分

母乳中蛋白质、乳糖、脂肪、维生素、无机盐、水分等营养成分的比例是最适宜刚出生的宝宝机体需要的，所以对宝宝进行母乳喂养不仅能促进宝宝的消化与吸收，还可增强宝宝的食欲，从而促进宝宝正常的生长发育。

乳糖　脂肪　维生素
蛋白质　无机盐

有利于正常泌乳

在母乳喂养的过程中，由于宝宝的吮吸可以刺激母亲垂体泌乳素的分泌，有利于新妈妈正常泌乳，还可以促进子宫收缩，对新妈妈排尽恶露有较好的辅助作用。此外，宝宝的吮吸还有助于减少新妈妈出血和预防某些感染疾病的发生。

含有丰富的免疫活性细胞和多种免疫球蛋白

坚持母乳喂养宝宝，不仅有利于宝宝的正常发育，还可有效提高宝宝的免疫力，避免受微生物的侵袭。一般来说，母乳喂养的宝宝在6个月以内要比喂奶粉的宝宝抵抗力高，不容易受到疾病的威胁。

孕妇宜吃的水果	
苹果	含丰富的铁质、维生素和细纤维，对胃肠道有较好的调节作用
葡萄	钙、磷、铁的相对含量高，并含有多种维生素和氨基酸
红枣	有增强母体免疫力，促进胎儿大脑发育等功效
西柚	富含天然叶酸，被称为妊娠女性的首选水果

要坚持母乳喂养

前三天出乳困难

有些刚刚分娩几天的妈妈出乳很困难，但是妈妈一定要坚定母乳喂养的信念，只要方法正确，让宝宝多吮吸、多刺激就会产奶。

挤奶前要彻底清洗双手，用温开水清洁乳头、乳房，热敷双侧乳房3～5分钟，并用手掌轻轻按摩乳房3～5分钟。按摩时妈妈身体略向前倾，用手将乳房托起，将大拇指放在乳晕上，其余四指放在对侧，向胸壁处有节奏地挤压、放松，手指要固定不要移动；沿着乳头依次挤压乳窦，以便排空每根乳腺管内的乳汁，而不是用手挤压整个乳房。挤奶时母亲应心情舒畅，这有利于排乳反射。

乳汁会越来越多

乳汁的分泌有一个显著特点，就是宝宝吮吸得越多乳汁就分泌得越多，一旦新妈妈受到"奶水不足"的假象影响，过早地给宝宝添加奶粉，那么这种假象就会变成事实。

积极解决问题

我们最常听到的哺乳时出现的问题有两个：一个是因为乳头形状的原因宝宝不肯吮吸；另一个就是容易引起妈妈乳房胀痛。然而多数的情况是由于妈妈哺乳不当造成的。刚出生的宝宝嘴部力量弱，含不住乳头，只要耐心多次地喂奶，基本上能够解决这些问题。

不要灰心，有什么问题可以向医生请教。

和成熟乳相比，初乳的量很少，但是它的浓度却很高，并且它的组成成分里含有丰富的免疫物质、糖类、蛋白质、多种酶类以及较少的脂肪。

一定要给宝宝喂初乳

新晋妈妈在产下宝宝后一两天分泌出来的乳汁就是初乳，具有黄油一样的颜色，量比较少，而且相对稀薄。

在初乳中最为重要的是一种分泌型IgA的免疫物质。该物质主要覆盖在新生宝宝尚未成熟的呼吸器官和消化器官黏膜的表面上，能增强宝宝机体免疫力和抗病能力，同时它还能防止大肠杆菌、伤寒菌或者其他一些病毒的侵入。在宝宝初生的时候，这是最好的保护伞。

初乳还具有促进脂类排泄的作用，从而更好地减少宝宝发生黄疸的可能。溶菌酶同样也是初乳中较为重要的成分，它同样具备阻止病毒和细菌侵袭宝宝的功能。慧眼识金的妈妈及时给宝宝摄入初乳，会使宝宝的智商水平和健康水平明显超于同龄未摄入初乳的宝宝。

珍贵的初乳对于宝宝一生的健康都起着非常重要的作用。

母乳的四个阶段	
初乳	产后7天内所分泌的乳汁称为初乳。由于含有β胡萝卜素故颜色发黄。初乳中含蛋白质量比成熟乳多，并含有很多的抗体和白细胞。初乳中还有生长因子，可以刺激宝宝未成熟肠道的发育，为肠道消化吸收成熟乳做了准备
过渡乳	产后7~14天内所分泌的乳汁称为过渡乳。其中所含蛋白质与矿物质量逐渐减少，而脂肪和乳糖含量逐渐增加，系初乳向成熟乳的过渡。乳汁总量有所增多，并且含脂肪丰富
成熟乳	14天后所分泌的乳汁称为成熟乳，但是也要因人而异，实际上一般要到30天左右才趋于稳定。蛋白质含量更低，每日泌乳总量在700~1000毫升。成熟乳看上去比牛奶稀，其实，这种水样的奶是正常的
晚乳	晚乳是指10个月以后的乳汁，其总量和营养成分都有所减少

重要的第一个月

宝宝出生后最初的一个月是母乳喂养最重要的时期。只要能顺利度过这个时期，妈妈的身体也会在一定程度上有所恢复，对于授乳也会掌握一定的要领。虽然一边恢复身体，一边给宝宝授乳是一件很不容易的事情，但母乳喂养可以促进子宫的收缩，有助于身体快速恢复。

不断地让宝宝咬乳头

在分娩后2~3天开始就会一点点分泌乳汁，过了3~4天分泌量就会逐渐增加。要想在最开始的2~3天内给宝宝喂食充足的初乳，就要让宝宝经常咬乳头。宝宝吮吸得越多乳汁分泌得也就越多，不要因为乳汁分泌不出来就给宝宝喂食奶粉，这样乳汁的分泌量是不会增加的。只要宝宝开始吮吸乳头，就会刺激激素的分泌，使乳汁得以分泌。所以，在最初的一周，即使乳汁的分泌量很少，也要每隔2个小时或宝宝需要时不断地给宝宝授乳。

顺利泌乳

产后的乳房胀痛

产后，最初由于静脉充盈使乳房发生膨胀，此时仅有少量的初乳分泌。新生宝宝经常吸不出多少奶水，往往不愿意再吮吸。而新妈妈的乳房很胀痛，碰触时疼痛难忍，这种情况下往往又不能完全尽心让宝宝吮吸，所以很多妈妈会产生放弃母乳授乳的念头。

一般在分娩后的24～48小时乳房胀痛最为严重，症状为乳房增大，体温升高，感觉火辣辣的。严重的时候体温甚至会升高到37.8～39℃，疼得无法触碰，手臂无法自由伸展。乳房胀痛会发展成乳腺炎。如果患上乳腺炎，乳房会出现红肿，并有脓水，而且变得软绵绵的。即使只是与衣服产生了小摩擦也会非常疼，如果症状继续恶化，就需要开刀将脓水排出来。

让乳汁分泌顺畅的乳房按摩

1. 环形按摩，顺时针揉按60次，再逆时针揉按60次。

2. 从四周向乳头推按，四个方向各60次。

3. 在做完上述按摩后，按照乳管的方向进行点按，刺激穴位。

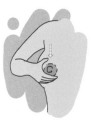

4. 点按后可轻拉乳头数次，以刺激乳头上丰富的穴位。

5. 用梳齿（最好用木梳）从四周往乳头方向梳，每个乳房梳理10分钟，使局部皮肤潮红为宜。

当妈妈涨奶疼痛时，可用温度适宜的毛巾热敷乳房几分钟，以改善乳房的血液循环使乳房变软，但要避开皮肤较嫩的乳晕和乳头。

清洗手和乳头

宝宝的免疫力很弱，所以在给宝宝授乳之前妈妈要用香皂把手洗干净，用开水消毒的毛巾擦拭乳头。

咬乳头

将乳晕部分也塞进宝宝嘴里，在侧面观察宝宝，宝宝的两腮和嘴唇看上去像字母"K"，就说明喂奶的方法是正确的。

选择舒适的姿势

授乳时让宝宝的整个身体面向着妈妈，妈妈托住宝宝，让宝宝的肚子贴着妈妈的肚子。

拍嗝儿

把宝宝吃奶时吸进去的空气排掉。将宝宝竖着抱起，轻轻拍打后背让宝宝打嗝儿。

滴出第一滴乳汁

在宝宝的脖子上围上围嘴或毛巾，然后将乳晕部分向内拉再向外推，挤出奶水，在宝宝嘴唇上滴两滴。

挤掉剩余的乳汁

宝宝吃饱以后，乳汁还有剩余的话就应该挤掉，不要觉得可惜。可以选择用手挤，也可以用抽乳器。

母乳喂养的姿势

躺着哺乳

刚刚分娩的新妈妈会很疲惫，因此，可采取躺着哺乳的方式进行喂奶。产后约6个小时，妈妈体力会有所恢复，可以轻轻地做一些翻身运动，这时新妈妈可将身子侧过来，采取侧卧的姿势进行喂奶。喂奶的过程中应让宝宝躺在床上，而不是躺在新妈妈的胳膊上，同时让宝宝与新妈妈保持侧身面对面的状态，然后将乳头调整到靠近宝宝的鼻头处，轻轻搂紧宝宝即可进行喂奶。

坐着哺乳

坐着喂奶通常应选择能够依靠的，且较为舒适的地方，如坐在沙发或床上，也可在背后垫一个枕头。有时候新妈妈哺乳时间会较长，如果不选择一个舒适的环境很容易出现疲劳和不舒服感，以至于没有耐心继续哺乳。在采取坐姿喂养宝宝的过程中，尽量让宝宝的肚皮和新妈妈的肚皮保持紧贴，这样更有利于宝宝的头部和身子成一条直线。

站着哺乳

新妈妈也可站着进行哺乳，但采取这种姿势往往会消耗较多的体力。在喂奶的过程中，新妈妈应用一只手托着宝宝的臀部，另一只手臂垫在宝宝的背部和头部，让宝宝的身子与头保持直线状态，鼻头对着乳头部位进行哺乳。

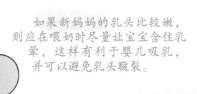

如果新妈妈的乳头比较嫩，则应在喂奶时尽量让宝宝含住乳晕，这样有利于婴儿吸乳，并可以避免乳头皲裂。

母乳的多与少

母乳太冲怎么办

如果妈妈的奶水很多，经常喷宝宝一脸，宝宝有时候吃奶就会打挺或拒绝，奶水多也是引起宝宝呛奶的原因。如果有这种情况出现，妈妈在喂奶的时候就要采用剪刀手式的喂奶方法。妈妈用一只手的食指和中指做成剪刀样，夹住自己的乳房，让乳汁流出的速度减缓。

在平时的饮食中注意不要吃促进奶水分泌的食物，但不要将前奶挤掉。

良好的母乳喂养姿势也有利于解决乳汁太冲的问题。

如何判断母乳是否充足	
判断依据	**判断标准**
哺乳情况	能够听到连续几次到十几次的吞咽声；两次喂哺间隔期内，宝宝安静而满足；宝宝平均每吮吸2~3次就可以听到下咽一大口奶的声音，如此连续约15分钟就可以说明宝宝吃饱了
排泄情况	宝宝大便软，呈金黄色糊状，每天大便2~4次，尿布24小时湿6次或以上
睡眠情况	如果吃奶后宝宝安静入眠，说明宝宝吃饱了。如果吃奶后还哭，或者咬着乳头不放，或者睡不到两小时就醒，则说明奶量不足
体重情况	新生儿每周平均增重150克左右，2~3个月的婴儿每周增长200克左右
神情状态	婴儿眼睛很亮，反应灵敏
乳房情况	从妈妈乳房的感觉看，喂哺前乳房比较丰满，喂哺后乳房较柔软且妈妈有下乳的感觉

母乳喂养不必另外喂水

母乳中大部分是水分，可满足孩子的需要，刚出生的婴儿肾脏功能不完善，要将体内的代谢产物排出体外，需要摄入比成人更多的水分。妈妈乳汁中的水分、温度适宜，清洁无菌，是宝宝最好的饮料。母乳中的水分可以随着孩子的需要增减，用母乳喂养婴儿，用不着担心宝宝会缺乏水分，只要"按需喂养"就行了。母乳喂养的孩子，有时候看上去小嘴有点干，性急的妈妈会给他喂一些白开水，其实大可不必这样做。孩子口唇看上去有些干，是因为婴儿口腔的唾液分泌较少，就是俗话说的"口水少"，这是很正常的现象。

母乳不足的表现

与奶粉不同的是母乳的量是没法目测的，因此很多妈妈常怕宝宝吃不饱，怕宝宝营养跟不上会影响宝宝的正常发育。在出生后的第一个月里，如果宝宝每天体重增加30克，那么就说明奶水足够宝宝生长所需了。

1.宝宝含着乳头30分钟以上不松口。
2.明明已经哺乳20分钟，可间隔不到1小时又饿了。
3.体重增加不明显。

什么时候妈妈应暂停母乳喂养

感染传染疾病

一旦妈妈感染上了传染病，就必须停止母乳喂养，防止将病菌传染给宝宝——比如肝炎、肺炎等等。

服用药物期间

一旦妈妈因为自身生病而不得不服食药物的时候，也应该立即停止母乳喂养，一直等到病愈停止服药后再喂养。但是在此期间，妈妈要注意仍旧按照过去的喂奶习惯将奶挤出，每天挤三次以上，这样就不会因一段时间停止母乳喂养使乳汁分泌减少。

患有乳腺炎或严重乳头皲裂

一旦妈妈患上乳腺炎或者严重的乳头皲裂，就该暂停母乳喂养，同时进行治疗，以免病情进一步加重。当然，这种情况可以将母乳挤出来喂给宝宝。

进行放射性碘治疗

这种情况应该暂停母乳喂养。等治疗结束后，做个检验看看乳汁内放射性物质的水平，如果恢复正常就可以继续进行母乳喂养。

患有消耗性慢性疾病

一些妈妈可能自身患有心脏病、糖尿病、肾病，在这个时候，要听从医生的诊断决定是否进行母乳喂养。一般情况下，身患上述疾病但是已经正常分娩了的妈妈，也是能够进行母乳喂养的，但是一定要注意休息和补充营养，而且要依据自身的情况来调整母乳喂养的时间。

剧烈运动

因为人在运动过程中会产生大量乳酸，一旦血液中含有乳酸就会使得乳汁的味道发生变化，宝宝就会出现不喜欢吃这种奶的现象。相应测试表明，一般中等强度的运动就会出现这样的情况。所以，正在进行母乳喂养的妈妈，只能进行一些较为温和的运动，并且运动后休息一会儿再喂奶。

母乳喂养的正确步骤

1.乳头碰碰宝宝嘴唇，让宝宝把嘴张开。

2.嘴张开后，将宝宝抱在胸前将嘴放在乳头和乳晕上，使宝宝的腹部正对自己的腹部。

3.如果宝宝吃奶位置正确，其鼻子和面颊应该接触乳房。

4.待宝宝开始用力吮吸后，应将宝宝的小嘴轻轻往外拉约5毫米，目的是将乳腺管拉直，有利于顺利哺乳。

母乳的挤取方法

吸奶器挤乳法

正确的挤奶姿势是将大拇指放置在乳晕上方，其余4个手指放在乳晕下方，夹住后再轻轻推揉，推揉一段时间后，再用拇指在上其余4指在下的姿势勒紧乳房向前挤奶。

清洁乳房

洗净手之后再开始吸奶，使用专业的乳头清洁棉进行擦拭；完成吸奶后仍然需要擦拭，并可以配套使用防溢乳垫来保持乳房的清洁与干爽。

放松乳房

在开始吸奶前要对乳房进行适当的按摩和热敷，从而促使乳腺扩张，为乳汁的顺利吸出做好准备。

每次挤奶完毕后不仅要及时进行清洗，还要注意进行消毒。

如果借助吸奶器进行吸奶，就得注意个人和吸奶器卫生。

控制挤奶的节奏

当妈妈使用吸奶器时，需要注意控制好节奏，当感觉到乳头疼痛或者吸不出奶的时候，就不要再继续使用吸奶器了。妈妈要按照循序渐进的步骤慢慢手动使用吸奶器，要由慢到快。当吸奶器使用完毕后，必须进行热水浸泡或用微波炉消毒。

手工挤奶法

准备挤奶

妈妈坐在椅子上，把盛奶的容器放在靠近乳房的地方。

挤奶的姿势

挤奶时，妈妈用整只手握住乳房，把拇指放在乳头、乳晕的上方，其他4指放在乳头、乳晕的下方，托住乳房。

挤奶的技巧

妈妈用拇指、食指挤压乳房，挤压时手指一定要固定，握住乳房。最初挤几下可能奶水下不来，多重复几次就好了。

每次挤奶的时间以20分钟为宜，两侧乳房轮流进行。一侧乳房先挤5分钟，再挤另一侧乳房。

这样交替挤奶，奶水会多一些。如果奶水不足，挤奶时间应适当延长。

宝宝抗拒母乳怎么办

拒吃母乳的表现

1.宝宝只是用嘴含着妈妈的乳头，但是没有吮吸吞咽的动作。

2.一旦接触到妈妈的乳房，宝宝就开始哭闹。

3.每次吃奶的时间都很短，或者只是吃妈妈一侧的乳房。

当并不是处在断奶期内的宝宝开始抗拒母乳的时候，称之为"拒奶"或者说"罢奶"。

追寻宝宝拒吃母乳的根源

导致宝宝拒吃妈妈奶水的原因有多种，其中主要的几种原因如下：

1.可能宝宝在吮吸乳汁的时候没有正确地叼住乳头，从而影响了他不能正确地吮吸，所以导致了乳汁不能被有效地摄入。

2.也有的宝宝开始出牙，导致他不喜欢吸奶。

3.宝宝口腔内有感染，比如说鹅口疮，这种情况下，宝宝因口腔疼痛拒吃母乳。

4.宝宝耳部有感染，一旦吃奶时耳朵里产生压力从而开始疼痛，导致他抵触吸奶。

5.宝宝患有感冒或者鼻塞，会导致他呼吸困难影响吸奶。

6.宝宝每次吮吸时吸出量过少或者奶量过冲。

7.在宝宝吸奶过程中，外部环境不够理想，有吵闹声或者吸引宝宝注意力的声音等。

8.错过了喂乳给宝宝的最佳时机，总是在宝宝饿的时候没有及时喂乳，让宝宝开始哭闹起来。

9.日常生活当中某些习惯的改变导致宝宝吃奶的规律被打乱，比如换了吸奶环境或者妈妈开始上班而更改喂奶时间等等。

拒吃母乳的解决方法

根源	解决办法
化妆品	喂乳期间妈妈不要在乳房周围使用化妆品，身上也尽量少使用
生病	对宝宝因为生病而拒绝吃奶的，要及时医治好宝宝的病，让他及时康复，恢复对母乳的吸收
睡眠	可以在宝宝特别困甚至睡着的时候进行喂乳，这个时候宝宝在下意识的情况下可能会再次吸乳
姿势	尝试下次喂乳时更换不同的姿势。要是有些宝宝喜欢妈妈在喂奶的时候摇晃他，那妈妈就可以采取这种姿势来吸引宝宝吸奶
光线	尽量在一个较为安静的环境中给宝宝喂奶，从而避免那些异常的声音或者事情来干扰宝宝吸奶；尤其是那些6～9月龄的宝宝，这个时候的他们对周围的一切都充满了好奇，所以稍有动静，就会分散他们的注意力。如果留心观察的话，妈妈就会发现他们更喜欢吃一口看一会儿，断断续续地吃奶，很难集中注意力一口气吃完一顿。所以，妈妈可以尝试着将室内的光线变暗，将一些能发出声响的事物放置起来，制造一个安静的环境让宝宝吃奶

　　如果经过以上尝试，宝宝仍然没有多少改善的话，妈妈可以过几个小时就将乳房中的奶水挤出来，这样不仅有助于缓解涨奶或者避免得乳腺炎，同时保存下来的奶水还可以留着给宝宝吸食。

怎样让母乳更有营养

营养丰富

哺乳期的饮食调配应参考我国营养学会的建议推荐供给量，增加各种营养素的供给量，尤其是优质蛋白质、钙、锌、铁、碘和B族维生素，并要注意各营养素之间的合适比例，如蛋白质、脂肪、糖类的供热比应分别为13%～15%、27%、58%～60%。

注意钙和维生素D的摄入

如果乳母缺钙，为保证乳汁中钙含量的恒定，就要动用乳母本身的骨钙，会造成乳母骨软化、骨质疏松、腰腿疼痛等。

妈妈不要吃得太咸

母乳中钠、氯含量明显偏高，这与产妇摄入食盐过多有关；不利于新生儿的肾脏发育，应避免摄入过多的食盐。

如果妈妈总是在饭店吃饭，就要在点菜的时候嘱咐服务生少盐少油。

妈妈要吃好

母乳中的水溶性纤维素，如维生素B_1、维生素B_2、维生素C等，可因乳母膳食中含量的变化而改变；脂溶性维生素A，也是如此。所以乳母膳食中要注意合理补充。

补充母乳中不足的营养成分

近期对中国妈妈乳汁调查显示，除钙含量低外，脂肪、锌和DHA含量也偏少，应适量增加食用油、坚果、黄油、动物脂肪、海鱼等，促进宝宝的脑发育及视网膜的形成，提高免疫力。

妈妈不要挑食

平日偏食，尤其是素食妈妈，如果营养素不够全面，会对宝宝的营养造成负面影响。

如何知道宝宝吃饱了

刚做妈妈的人都不知道该喂宝宝多少奶。宝宝半个小时就要吃一次，吃一会儿就睡着，过不了多久又得吃，不知道是奶水不够，还是宝宝有问题。那么，怎样判断宝宝吃没吃饱呢？

状态	判断方法
从乳房涨满的情况	喂奶前乳房丰满，喂奶后乳房较柔软
从宝宝下咽的声音上判断	宝宝平均每吮吸2~3次就可以听到咽下一大口奶的声音，如此连续约15分钟就可以说是宝宝吃饱了。若宝宝光吸不咽或咽得少，说明奶量不足
吃奶后有无满足感	如吃奶后宝宝安静入眠，说明宝宝吃饱了。如果吃奶后还哭，或者咬着奶头不放，或者睡不到两小时就醒，都说明奶量不足
注意大小便次数	喂母乳的宝宝每天小便8~9次，大便4~5次，呈金黄色稠便；喂奶粉的宝宝其大便是淡黄色稠便，大便3~4次，不带水分：这些都可以说明奶量够了
看体重增减	足月宝宝头1个月每天增长25克体重，头1个月增加720~750克，第二个月增加600克以上。喂奶不足或奶水太稀导致营养不足是体重不达标的因素之一

白天和晚上的不同喂养方法

白天母乳喂养怎么进行

1. 先用温水洗干净乳头，以免附带的细菌进入宝宝口中引起口腔或咽喉发炎。

2. 妈妈在沙发或椅子上坐着，然后在哺乳乳房一侧的脚下放一个小凳子，架起这条腿，将宝宝的头枕在妈妈的胳膊弯上，胳膊弯舒适地放在架起的腿上。

3. 把这侧乳头连乳晕塞入宝宝嘴中，要尽可能让宝宝嘴唇能裹着乳晕，这样可以促进泌乳。

4. 一侧乳房吃空后，再以同样的姿势把宝宝换到另一侧的乳房、胳膊弯和腿上。

5. 宝宝吃饱睡着后要及时抽出乳头，不要让他老含着乳头，因为那样不仅不利于宝宝口腔和乳母乳头的卫生，还易引起宝宝依恋乳头的不良习惯，甚至会引起宝宝的呕吐或窒息。

如果天气好，尽可能让宝宝在太阳下、空气好又避风的地方吃奶，因为宝宝吸收乳汁中的钙质要靠身体中的维生素D的帮助，而身体中的维生素D得靠太阳晒才能产生。另外，新鲜空气对宝宝的成长也是十分有利的。

夜间母乳哺喂怎么进行

夜间哺乳的姿势

夜晚妈妈的哺喂姿势一般是侧身对着稍侧身的宝宝，母亲的手臂可以搂着宝宝，但这样做会较累，手臂易酸麻，所以也可只是侧身，手臂不搂宝宝进行哺喂。或者可以让宝宝平躺着，妈妈用一侧手臂支撑自己俯在宝宝上部哺喂，但这样的姿势同样较累，而且如果母亲不是很清醒时千万不要进行，以免在似睡非睡间压着宝宝，导致宝宝窒息。

夜间哺乳要谨慎

晚上哺喂不要让宝宝含着乳头睡觉，以免乳房压住宝宝的鼻孔使其窒息。另外，产后妈妈的身体会极度疲劳，加上晚上要不时醒来照顾宝宝，从而导致睡眠严重不足，很容易在神志迷迷糊糊中哺喂宝宝，所以要格外小心谨慎。

解除涨奶的技巧

让宝宝尽早吸乳

如果分娩后能让宝宝尽早与妈妈亲密接触，并在宝宝出生后半小时内就开始吮吸母乳，这样不仅有利于宝宝吃到含有丰富营养和免疫球蛋白的初乳，还能刺激母乳分泌的增多。而且可以通过吃奶这种方式来疏通妈妈的乳腺管，使乳汁排得更加顺畅。

利用吸奶器

如果宝宝因为某些原因无法用吮吸来帮助妈妈，那就应当选择一款吸奶器来帮忙。在挑选吸奶器的时候，要注意其吸力必须适度，使用时乳头不应有疼痛感。建议选择有调节吸奶强度功能的自动吸奶器，可根据实际情况及时调整吸奶器的压力和速度。

按摩疗法

在洗净自己的双手后握住整个乳房，均匀用力，轻轻地从乳房四周向乳头的方向按摩、挤压，这样做能帮助疏通乳腺管，促使皮肤水肿减轻、消失。在按摩的过程中，如果发现乳房的某一部位胀痛特别明显，可在该处稍稍用力挤压，排出淤积的乳汁，以防此处乳腺管堵塞，导致乳腺炎。

其他小技巧	
1	妈妈要保证充足的睡眠，减少紧张和焦虑，保持放松和愉悦的心情
2	适当增加哺乳次数，吮吸次数越多，乳汁分泌量就越多
3	每次每侧乳房至少吮吸10分钟以上，两侧乳房均应吮吸并排空，这既利于泌乳，又可让宝宝吸到含较高脂肪的后奶
4	宝宝生病暂时不能吮吸时，应将奶挤出，用杯和汤匙喂宝宝；如果妈妈生病不能喂奶时，应按给宝宝哺乳的频率挤奶，保证病愈后可以继续哺乳
5	月经期只是暂时性乳汁减少，经期中可每天多喂两次奶，经期过后乳汁量将恢复如前

宽大胸罩支托法

对于肿胀、下垂的乳房，可以使用柔软的棉布制成宽大的胸罩来加以支托，这样不仅能改善乳房的血液循环、促进淋巴回流，还有助于保持乳腺管的通畅，从而减少乳汁的淤积，减轻乳房的胀痛感。注意，妈妈不能戴过紧的胸罩，因为这样的胸罩可能会抑制乳汁分泌。

冷敷和热敷双管齐下

在挤出部分乳汁后，用柔软的毛巾蘸冷水外敷于乳房上，或使用冷水袋进行冷敷，均可起到减轻乳房充血、缓解胀痛的作用。而在哺乳前，可以用湿热的毛巾热敷乳房几分钟，随后配合轻柔的按摩和拍打动作，使乳房和乳晕软化、减轻涨奶感，而且哺乳时应先喂感觉涨奶明显的那侧乳房。

储备母乳的具体方法

1．挤下来的母乳要用干净的容器存放，比如消过毒的塑胶杯、奶瓶或者塑胶奶袋。

2．挤出的母乳不要都放在一个容器内，而是要分别存放。

3．如果把冷藏奶与冷冻室的奶水加在一起，切记冷藏奶要比原来已冷冻的奶水少，否则原来的冷冻奶就会被解冻。

4．不要将容器装得太满或把盖子盖得很紧，以防冷冻结冰而涨破。

3厘米

5．如果是用塑胶袋储存，最好套上两层以免破裂。使用前要将塑胶袋中的空气挤出，留3厘米的空隙（不要装满），然后弄紧直立，放入圆筒形容器内，冷冻结冰时直立成型（如欲长期存放母乳，最好不要用塑胶袋装）。

6．在每一小份母乳上贴上标签并记上日期。

母乳解冻小窍门

1．隔水加热。外锅放水，将母乳放置在内层小锅，加热的温度不超过60℃，以免母乳中的营养成分变质。

2．在流动温水下解冻。将结冻的母乳袋浸泡在60℃以内的温水中，让奶水慢慢回温。

3．如果解冻后的奶水没有用完，还可以放回冰箱的冷藏区，大约还可保存4小时。但是，尽量每次都按照宝宝的食量来解冻，以免反复加热影响奶水的质量。

怎样调整喂养方法和时间

阶段	喂养方法和时间
上班前	1.应先了解目前公司里的作息制度，并据此调整、安排好宝宝的哺乳时间 2.由家人试着用奶瓶给宝宝喂奶，开始的次数少些，每周一两次，让宝宝慢慢适应奶瓶 3.妈妈要逐步学会使用吸奶器或者如何用手收集乳汁
上班后	1.妈妈可以在上班前和下班后用母乳喂哺。在午间休息时间，妈妈如果能够回家加喂1次更佳 2.妈妈需要做的是上班时携带一个干净的奶瓶，在工作休息时间及午餐时用手或吸奶器将乳汁挤入奶瓶，并将收集的母乳放在保温杯中，里面用保鲜袋放上冰块 3.如果工作单位有冰箱，可暂时保存在冷藏或冷冻室中。下班后运送母乳的过程中，仍需以冰块覆盖以保持低温，回家后立即放入冰箱储存

第 三 章

合理使用
配方奶喂养

配方奶

什么是配方奶

配方奶又称母乳化奶粉，它是为了满足宝宝的营养需要，在普通奶粉基础上加以调配的奶制品，越接近母乳成分的配方奶越好。目前市场上的配方奶大都接近于母乳成分，只是在个别成分和数量上有所不同。挑选配方奶首先根据宝宝的年龄来进行选择。现在市面上的配方奶根据年龄段营养含量及蛋白质含量都不尽相同。

配方奶的品牌非常多，妈妈在给宝宝选择的时候一定要咨询清楚。

配方奶的标识

配方奶的包装上应有以下信息，包括食品名称、配料表、热量、营养素（包括微量元素）、净含量、制造者的名称和地址、产品标准号、生产日期、保质期、食用方法、贮藏方法、适宜人群等。婴儿配方奶标签上还应标明"婴儿最理想的食品是母乳，在母乳不足或无母乳时可食用本产品"。适宜0～12个月婴儿食用的婴儿奶粉，必须标明"6个月以上婴儿食用本产品时，应配合添加辅助食品"；较大婴儿奶粉，必须标明"须配合添加辅助食品"。进口婴幼儿配方奶的标签，可不标注"制造者的名称和地址""产品标准号"，但应标注"原产国或地区""在中国依法登记注册的代理商、进口商或经销商的名称和地址"。

特殊的配方奶

配方奶种类	适用人群	
不含乳糖的婴儿配方奶	对乳糖不耐受的婴儿	
部分水解配方奶	较轻度的腹泻或过敏的婴儿	
完全水解配方奶	严重的腹泻、过敏或短肠综合征的婴儿	
元素配方奶	严重的慢性腹泻、过敏或短肠综合征的婴儿	
早产儿配方奶	早产儿食用	

购买配方奶需要注意什么

在选择产品时要根据宝宝的年龄段来选择产品，0~6个月的宝宝可选用Ⅰ段宝宝配方奶；6~12个月的宝宝可选用Ⅰ或Ⅱ段宝宝配方奶；12~36个月的宝宝可选用Ⅲ段宝宝配方奶、助长奶粉等乳品。如宝宝对动物蛋白有过敏反应，应选择低敏的宝宝配方奶，如氨基酸奶粉、水解蛋白配方奶等。

1.看包装上的标签标识是否齐全。按国家标准规定，在外包装上必须标明厂名、厂址、生产日期、保质期、执行标准、商标、净含量、配料表、营养成分表及食用方法等项目。

2.营养成分表中标明的营养成分是否齐全，含量是否合理。一般要标明热量、蛋白质、脂肪、糖类等基本营养成分，维生素类如维生素A、维生素D、维生素C、B族维生素，微量元素如钙、铁、锌、硒、磷等，或者还要标明添加的其他营养物质。

配方奶成分表

营养成分表	单位	每100克配方奶	每1000毫升奶液
蛋白质	克	10.0~18.0	13.4~24.1
乳清蛋白	%	60	60
α－乳清蛋白	毫克	1250	1675
脂肪	克	23.0	30.8
亚油酸	毫克	1800	2412
亚麻酸	毫克	120	160.8
糖类	克	65.0	87.1
钠	毫克	310	415.4
钙	毫克	300	402

部分母乳喂养

补授法

6月龄内婴儿母乳不足时，仍应维持必要的吮吸次数，以刺激母乳分泌。每次哺喂时，先喂母乳，后用奶粉补充母乳不足。补授的乳量可根据婴儿食欲及母乳分泌量而定，即"缺多少补多少"。母乳加补授奶粉就是我们平常所说的混合喂养。

代授法

一般用于6月龄以后无法坚持母乳喂养的情况，可逐渐减少母乳喂养的次数，用奶粉替代母乳。

当然，如果母乳还有可能继续，妈妈一定要坚持母乳喂养。

混合喂养的时间

妈妈在分娩后，经过尝试与努力仍然无法保证充足的母乳喂养，或因妈妈的特殊情况不允许母乳喂养时，可以选择一些适当的乳品加以补充，如奶粉等。在混合喂养中应当注意以下两点：

1.每次哺乳时，先喂母乳，再添加乳品以补充不足部分，这样可以在一定程度上维持母乳分泌，让宝宝吃到尽可能多的母乳。

2.按照奶粉包装上的说明为宝宝调制奶液，奶粉罐内的小勺有的是4.4克的，有的是2.6克的，一定要按包装上的说明调配，不要随意增减量而影响奶液的浓度。

时间	母乳	奶粉
6：00	✓	
7：00	✓	✓
10：00	✓	
11：00	✓	✓
14：00	✓	
15：00	✓	✓
18：00	✓	
19：00	✓	✓
23：00	✓	
2：00	✓	✓
3：00	✓	

混合喂养的方法和常见问题

混合喂养的方法

尽量避免混合喂养

混合喂养最容易发生的情况是放弃母乳喂养。因为奶粉中含有较多的糖分，宝宝喜欢喝；奶瓶上的橡胶奶嘴孔大，吮吸省力，宝宝也喜欢；妈妈乳汁少，宝宝吃完没多长时间又要奶吃，容易使妈妈疲劳，有的妈妈干脆停掉母乳，直接喂奶粉。遇到这种情况，应该劝导妈妈，让妈妈坚持母乳喂养。

混合喂养最好以母乳为主

混合喂养时，应每天按时喂养，先喂母乳，再喂奶粉，这样可以保持母乳分泌。但其缺点是因母乳量少，婴儿吮吸时间长，易疲劳，可能没吃饱就睡着了，或者总是不停地哭闹，这样每次喂奶量就不易掌握。除了定时母乳喂养外，每次哺乳时间不应超过10分钟，然后再喂奶粉。注意观察宝宝能否坚持到下一次哺乳的时间，是否真正达到定时喂养。

由于每一个宝宝的自身需求不一样，所以爸爸妈妈只能通过不断地观察和仔细地摸索，才能知道宝宝的真正需求量。

混合喂养的常见问题

乳头错觉

宝宝刚生下来时妈妈还没有奶，宝宝一直用奶瓶吃奶粉。刚习惯了吮吸的感觉，妈妈有奶了，又改吃母乳，宝宝感觉吃起来太费力，认为只有那个奶瓶里才有填饱肚子的奶汁，所以就会变得不爱吃母乳。

乳头错觉是指宝宝在出生后早期，由于过早使用奶瓶而出现了不肯吃母乳的现象。吮吸乳头和吮吸奶嘴需要两种截然不同的技巧，奶瓶的奶嘴较长，宝宝吮吸起来省力、痛快。宝宝一旦习惯了这种奶嘴，再吸妈妈的乳头时，会觉得很难含住，吮吸也很费劲，就不愿再去吃母乳了。

宝宝吃奶总是断断续续

采用乳品喂养的宝宝，由于橡皮奶嘴过硬或者奶孔过小，宝宝吮吸起来非常吃力，吮吸一段时间就会疲劳，吸着吸着累了，然后就开始睡了。但是由于开始没吃饱，很快又会被饿醒，所以，确定奶嘴孔洞的大小是否适中，对于乳品喂养的宝宝来说是很重要的。一般说来，将奶瓶倒置过来，如果乳汁能一滴一滴地快速滴出，则是合格的。此外，喂奶的时候，要注意倾斜地拿着奶瓶，让奶嘴中充满奶，不要留有空气在奶嘴里，那样不仅容易造成宝宝吸食疲劳，还有可能导致宝宝吸入空气而打嗝儿。

奶嘴和奶瓶

如何选择奶嘴

奶嘴孔的大小可随宝宝的月龄增长和吮吸能力的变化而定，新生儿吮吸的奶嘴孔不宜过大，一般在15～20分钟吸完为合适。若太大，乳汁出得太多容易呛着宝宝，应买孔小一点的奶嘴，但也不能太小，以免宝宝吮吸起来太费劲。小孔奶嘴的标准是：将奶瓶倒过来，1秒钟滴1滴左右为准。此外，橡胶奶嘴也不能太硬，发现橡胶柔软度不好时应马上换掉。随着宝宝月龄的增加，奶嘴孔可以加大一些，宝宝4～5个月时以每次喝奶在10～15分钟吸完不呛奶为益。

如何选用奶瓶

奶瓶的材质分为玻璃和塑料两种：玻璃的奶瓶耐热易清洗，比较实用；塑料的奶瓶轻便，外出携带方便。一定要选择合格的塑料奶瓶，不合格的塑料奶瓶对宝宝有致癌作用。奶瓶的容积不同，品牌也有所不同。比如用于盛装果汁和白开水的奶瓶就有120毫升的，也有240毫升的，可以根据宝宝的饮用量加以选择。

在家里使用时，尽可能地使用玻璃奶瓶吧。

如何调配奶粉

调配奶粉时注意事项

　　妈妈在调配奶粉前应用香皂将手洗干净，以免手上的细菌在奶粉调配过程中混到乳汁中。奶瓶和奶嘴要用开水消毒（用蒸汽锅加热煮沸10分钟左右）后晾干，不要用抹布擦干。若觉得配一次奶消毒一次比较麻烦，可以同时准备2～3个奶瓶进行消毒，然后一次取出一组进行调配。用完奶瓶后应马上将残留的乳汁倒掉，冲洗干净，口朝下立起来备用。奶嘴也应马上冲洗干净。

　　1.先将沸腾的开水冷却至40℃左右，再将水注入奶瓶中，但要注到总量的一半。

　　2.使用奶粉附带的量匙，盛满刮平。在加奶粉的过程中要数着加的匙数，以免忘记所加的量。

　　3.轻轻地摇晃加入奶粉的奶瓶，使奶粉溶解。摇晃时易产生气泡，要多加注意。用40℃左右的开水补足到标准的容量，盖紧奶嘴后，再次轻轻地摇匀。

　　4.用手腕的内侧感觉奶瓶温度的高低，稍感温热即可。如果过热可以用流水冲凉或者放入凉水盆中放至温热。

如何贮存冲好的奶粉

　　1.拿走胶盖，将奶嘴倒着放在奶瓶上。注意不要让奶嘴浸到奶里，再放回胶盖和胶垫圈。

　　2.将奶瓶盖上盖放于冰箱内，但时间不要超过24小时。

奶瓶的清洗和消毒

1.可以用专用的奶瓶洗涤剂，也可以使用天然食材制成的洗涤剂，用刷子和海绵彻底地清洗干净。

2.奶嘴部分很容易残留奶粉，无论是外侧还是内侧都要用海绵和刷子彻底清洗。

3.为了防止洗涤剂的残留，要将奶嘴用流水冲洗干净，最好能将奶嘴翻转过来清洗内部。

4.锅里的水沸腾以后，就可以消毒洗干净的奶瓶和奶嘴。奶瓶较轻容易浮起，将奶瓶内注满水即可沉没。

5.在煮沸3分钟左右就可将奶嘴取出，而奶瓶可以再煮沸5分钟左右取出。

6.煮好后，放在干净的纱布上沥水，之后放在合适的盒子内即可。

喂奶的姿势

用奶瓶喂养的正确姿势

1.注意查看奶嘴是否堵塞或者奶流出的速度。如果将奶瓶倒置时呈现"啪嗒啪嗒"的滴奶声就是正确的。

2.喂宝宝奶粉时最常用的姿势就是横着抱。和喂母乳时一样，要边注视着宝宝，边叫着宝宝的名字喂奶。

3.用母乳喂养时，宝宝要含住妈妈的乳头才能很好地吮吸到乳汁，同样，在喂奶粉时也要让宝宝含住整个奶嘴。

4.为了避免造成宝宝打嗝儿，在喝奶时应该让奶瓶倾斜一定角度，以防空气大量进入。

夜间喂奶粉

1.为了让宝宝在饿时一哭就能马上喝到奶粉，可在床边准备好奶瓶、奶粉、开水等冲奶粉时的必需品。

2.将准备好的开水放到盛着凉水的盆中冷却。若水温在60℃以上，会破坏奶粉中的维生素C。

3.为了让热水尽快降到60℃以下，可将热水倒在奶瓶中，放入冰箱里冷却。

4.准备一个恒温热水壶，温度定在37℃左右的位置，夜里宝宝要喝奶时用它冲奶很方便。

5.现在市场上买的暖奶器，很实用，随时随地都可以沏奶，可以设定为常温。

宝宝不吃奶粉怎么办

　　很少有天生就拒喝奶粉的宝宝，一般都很喜欢喝奶粉，但是如果突然在某一天不爱喝了，妈妈就会非常着急，但是越着急宝宝就越不喝。此时，妈妈应该做到以下几点：

　　1.尝试换奶粉，或者把奶粉浓度调稀，要是还不行就将奶嘴换一换。

　　2.注意不要在喂完母乳后喂奶粉，要单独添加奶粉，因为母乳和奶粉味道不同，喝惯母乳的宝宝会拒喝奶粉。

　　3.对于因为不喜欢奶瓶而不喝奶粉的宝宝，这种情况下不要将奶嘴强行塞入宝宝嘴中，这样只会起反作用。妈妈应该多试几种奶嘴，或者在宝宝似睡非睡的状态下偷偷将奶嘴放入宝宝口中，让宝宝不知不觉地喝下奶粉。

　　对于无论如何都不喝奶粉的宝宝来说，可以喂一些果汁、凉开水等，并尽快过渡到泥糊状辅食。要注意的是，不要把厌食奶粉的宝宝看作病人，有的时候宝宝厌食奶粉是为了防止肥胖症而采取的自卫行为，在这样的情况下，妈妈就应该给宝宝补充果汁和水，不能继续喂奶粉，以减轻宝宝内脏的负担。

喝奶粉导致腹泻怎么办

有的宝宝喝了奶粉后会有烦躁不安和腹泻的表现，妈妈为此不得不常将宝宝送到医院就诊。其实，造成这种进食奶粉后烦躁不安和腹泻等不适反应的原因多半是牛奶过敏或者牛奶不耐受。

奶粉过敏

奶粉过敏的症状有慢性腹泻、大便发软、半成形、经常伴有黏液和隐匿性出血，少数人会有水泻、反复呕吐和腹痛等症状。宝宝的头部、面部皮肤还会出现红斑、丘疹和内蓄半透明状液体的小疱疹，略有瘙痒感。一旦发现了宝宝对奶粉有过敏反应，就应及时停止喂食奶粉以及奶制品，变为使用代乳品。大部分宝宝在停止奶粉喂食24～48小时之后症状就会明显缓解，而在两岁后，大多数宝宝对奶粉过敏的现象就会自行消失。

对于比较容易过敏的宝宝，妈妈就要特别注意养护了。

对奶粉不耐受

有些宝宝在喝了奶粉以后会有不同程度的腹胀、腹痛甚至腹泻等症状，原因是这部分宝宝体内缺乏一种分解奶粉的乳糖酶，所以喝了奶粉后才会有这一系列的肠胃不适的症状。对于存在此类奶粉不耐受症状的宝宝，一定要停止进食奶粉。

腹泻不严重

假如宝宝腹泻的情况不是很严重，一天腹泻5～6次或者7～8次，比正常多2～3次，并且没有呕吐现象，那么可以喂食米汤1～2日，总之慢慢使肠胃逐步适应。当过一阶段大便变成正常情况后，就可改回原先使用的奶粉浓度。假使宝宝偶然出现了腹泻现象，而且病情很轻，那就只需要将奶粉降低浓度喂食1～2天即可，然后再恢复正常奶粉喂食。在冲淡奶粉浓度的时候最好使用米汤，因为它还有辅助治疗腹泻的作用。

腹泻严重

如果腹泻情况比较严重的话，一天腹泻次数超过10次，还伴有呕吐现象，应及时停止喂食奶粉，并且保持禁食6～8小时，但最长不能超过12小时。禁食期间可以用米汤或者胡萝卜汤来替代，间隔时间以及每次用量应跟平时喂食奶粉时保持一致。腹泻情况一旦好转以后，就要慢慢改用"米汤——冲淡的脱脂奶粉——稀释的奶粉"这样的步骤逐渐恢复到原先的饮食。

喝奶粉宝宝的护理

大便比较干燥

喂奶粉的宝宝的大便呈淡黄色或土灰色，均匀硬膏状，常混有奶瓣及蛋白凝块，要比母乳宝宝的大便干稠，并略有臭味。

这是因为母乳中所含的脂肪酸属于不饱和脂肪酸，较适合宝宝的吸收，而奶粉目前还无法做到。而且母乳能自我调节稀薄程度，利于宝宝吸收，小宝宝从母乳中就能得到所需的营养和水分，不需要额外喝水。而奶粉的稀薄是恒定的，所以吃奶粉的宝宝需要通过喝水等其他方式来帮助润肠。

要小心吐奶

吐奶最常见的原因是吃奶的过程中吸入较多空气。奶粉宝宝因为都是通过奶瓶来吸入奶液，这个过程中就更容易吸入较多空气。另外，如果因为奶孔过大，导致奶汁流入太急，也容易引起宝宝吐奶的情况。

由于喂养方式的不同，对于吃奶粉的宝宝，父母们更需注意吐奶问题，做好充分的工作来预防和应对宝宝吐奶。但宝宝吐奶也是正常现象，父母们不要惊慌失措，正确处理好后，可以稍等一些时候，再减量给宝宝补充一些水或奶。

要注意肠道保养

据统计，6个月以内的婴儿患腹泻者多半是乳品喂养的奶粉宝宝。这主要是因为：

1. 母乳清洁、无污染，而奶粉宝宝因为使用奶瓶，如果清洁消毒工作不到位，比较容易发生肠道类疾病。

2. 母乳中含有大量抗体，乳糖多，能促使乳酸杆菌繁殖，抑制大肠杆菌的生长，从而保护宝宝，减少疾病感染的概率。

母乳新鲜而清洁，不易被细菌污染，而且母乳中特有的抗体还能保护宝宝的肠胃。相比之下，用奶粉喂养宝宝的父母们更加要注意宝宝的餐具和奶粉的清洁卫生。

是否有过敏现象

奶粉过敏的主要原因就是宝宝对奶粉中的蛋白质产生过敏反应。宝宝每次食用奶粉后，身体会产生各种不适的症状。而母乳比较恒一稳定，几乎没有对母乳过敏的宝宝。

专家点评：由于奶粉的成分复杂，易成为宝宝的过敏原，所以，吃奶粉的宝宝，其发生过敏的概率就比较大。妈妈们要注意不要频繁地给宝宝换奶粉，而且换奶粉的时候要循序渐进。这样既便于发现宝宝对奶粉是否过敏，又能让宝宝的肠胃对新的奶粉逐渐适应。

换奶粉的问题

不要经常给宝宝换奶粉喝

1.每个牌子的奶粉口味不同，有的宝宝吃惯了原先的奶粉，不一定肯接受新的口味。

2.不同的婴儿奶粉虽然主体成分上大致相同，但仍然有其不同成分和特点。因此，一旦找到了适合宝宝的奶粉，就没有经常更换奶粉的必要。

3.有些妈妈因为宝宝腹泻经常更换奶粉，其实宝宝腹泻未必都和奶粉有关。婴幼儿的胃肠功能发育未完善，容易因各种原因消化不良，出现腹泻，这就要注意当时除了腹泻外是否还有其他问题。

哪些情况宝宝需要更换奶粉

过 敏

如果宝宝吃某种品牌的奶粉产生过敏反应，就需要更换。也可以换成防过敏奶粉，这种奶粉又称为黄豆奶粉。此配方不含乳糖，是针对天生缺乏乳糖酶的宝宝及慢性腹泻导致肠黏膜表层乳糖酶流失的宝宝设计的。

宝宝在拉肚子时可停用原奶粉，直接换成此种配方。待腹泻改善后，若欲换回原婴儿奶粉时，则需以渐进式添加奶粉的方式进行换奶。

腹 泻

喝奶粉的宝宝出现的不适症状以腹泻最为多见，但通常造成腹泻的原因是奶粉浓度冲泡不当，如果改变浓度后，腹泻症状仍没有缓解，那就是宝宝不能适应这种品牌的奶粉，需要更换奶粉。

月龄增加

不同月龄的宝宝应该选择不同阶段的婴幼儿奶粉。如不少品牌的婴幼儿奶粉都分别有针对0~6个月、6~12个月，以及1岁以上的阶段奶粉。

更换奶粉的方法					
	第一天	第二天	第三天	第四天	第五天
正在使用的奶粉	4次	3次	2次	1次	0次
新换的奶粉	1次	2次	3次	4次	5次

第四章

如何照顾 0~36个月的 宝宝

一个月内的宝宝的变化会非常明显，新手父母充分感受宝宝带来的幸福吧！

宝宝发育特点

1.可以本能地吮吸。

2.无法随意运动，不能改变自己身体的位置。

3.俯卧位时，臀部高耸，两膝关节屈曲，两腿蜷缩在下方。

4.宝宝的手经常呈握拳状。

5.将物体从宝宝头的一侧慢慢移动到头的另一侧（移动180°），当物体移动到中央时（90°），宝宝会两眼随着看，眼的追视范围小于90°。

6.会短时间握住手中的物体。

7.能自动发出各种细小的喉音。

8.双眼能追视在身体前边走动的人。

9.头部能竖起大约2秒钟。

养护要点

1.接受第一次健康检查。

2.保证充足的睡眠。

3.精心呵护小肚脐。

4.注意新生儿黄疸是否退去。

5.注意观察宝宝的大小便颜色、状态和次数。

6.注意随时变换宝宝的视角。

7.注意为宝宝保暖。

8.多搂抱、抚摸宝宝，让宝宝开心。

9.常常和宝宝对视，逗宝宝笑。

10.要常常帮助宝宝练习抬头和翻身等动作。

出生时	男宝宝	女宝宝
体重	约3.2千克	约3.1千克
身长	约50.3厘米	约49.5厘米
头围	约34.0厘米	约33.5厘米
胸围	约32.3厘米	约32.2厘米

1~2个月

宝宝发育特点

1.所有的回答都用哭来表达。

2.会露出没有任何含义的微笑。

3.能发出"u""a""e"的声音。

4.可以张开手,有意识地抓住东西。

5.宝宝的后背仍很软,但略有一点力气了。即使宝宝能努力挺直待一会儿,妈妈也必须马上扶住他,不然他就会摔倒。

6.宝宝会回报妈妈的微笑。

7.宝宝的眼球能追视移动的玩具。

8.俯卧时,宝宝的头开始向上抬起,使下颌能逐渐上扬5~7厘米。

9.用拨浪鼓柄碰手掌时,宝宝能握住拨浪鼓2~3秒钟不松手。

养护要点

1.会出现三四个小时的睡眠周期。

2.要防止出现尿布疹。

3.勤加练习俯卧抬头。

4.要有耐心地逗引宝宝发音。

5.多多抚摸宝宝的身体。

6.天气好时,可以每天坚持户外活动,进行日光浴。

7.坚持母乳喂养。

2个月时	男宝宝	女宝宝
体重	约5.1千克	约4.7千克
身长	约54.8厘米	约53.7厘米
头围	约36.9厘米	约36.2厘米
胸围	约35.4厘米	约33.7厘米

2~3个月

大脑进入了第二个发育的高峰期。在这个阶段，仍要以母乳喂养为主，并且要开始补充维生素C和维生素D。维生素C可以对抗宝宝体内的自由基，预防维生素C缺乏症，而维生素D可以促进钙质的吸收。

宝宝发育特点

1.拉住宝宝的双手就能将他拉起，不需要任何帮助，宝宝自己就能保持头部与身体呈一条直线。

2.能平整地趴着，并长时间地抬起头。可以把上肢略向前伸，抬起头部和肩部。

用双手扶腋下让宝宝站立起来，然后松手，宝宝能在短时间内保持直立姿势，然后臀部和双膝弯下来。

3.能用手指抓自己的身体、头发。

4.当宝宝高兴时，会出现呼吸急促、全身用劲等兴奋的表情。

5.会向出声的方向转头。当妈妈讲话时，他能微笑地对着妈妈，并发出叫声和快乐的咯咯声。

养护要点

1.多进行日光浴和空气浴。

2.不要让宝宝趴着睡觉。

3.有的宝宝会出现睡眠早晚颠倒的现象。

4.养成规律的大便次数。

5.要经常给宝宝洗头。

6.重点训练俯卧抬头、四肢运动和触握能力。

7.注意预防佝偻病，补充维生素A、维生素D。

3个月时	男宝宝	女宝宝
体重	约6.0千克	约5.5千克
身长	约60.3厘米	约59.0厘米
头围	约39.8厘米	约38.7厘米
胸围	约39.1厘米	约38.8厘米

3~4个月

宝宝发育特点

1.平卧时，宝宝会做抬腿动作。

2.宝宝会出现被动翻身的倾向。

3.扶宝宝坐起，他的头基本稳定，偶尔会有晃动。

4.在喂奶时间，他会高兴得手舞足蹈。

5.当有人逗他玩时，他爱咯咯大笑。

6.他喜欢别人把他抱起来，这样，他能看到四周的环境。

7.周围有声响，他会立即转动他的脑袋，寻找声源。

8.宝宝可能会同时抬起胸和腿，双手伸开，呈游泳状。

9.牙牙学语的声调变长。

10.将宝宝放在围栏床的角落，用枕头或被子支撑着，宝宝能坐直10~15分钟。

养护要点

1.可以尝试给宝宝添加果汁、蔬菜汁。

2.要防止宝宝消化不良。

3.训练宝宝抬头、翻身。

4.引导宝宝抓悬吊玩具。

5.宝宝会翻身后要加强看护，避免他掉到地上。

6.不要强行制止宝宝吮手指头。

7.保持宝宝手部的洁净。

8.开始流很多口水，所以要给宝宝戴围嘴。

9.要经常给宝宝看彩色的图片，开发视觉。

10.逐步养成规律的睡眠习惯。

11.多给宝宝说儿歌。

4个月时	男宝宝	女宝宝
体重	约6.9千克	约6.2千克
身长	约63.4厘米	约61.5厘米
头围	约41.3厘米	约39.9厘米
胸围	约41.8厘米	约40.1厘米

宝宝看到大人吃东西时会流口水，也会挥手表示要拿，或者在大人吃饭时哭叫不止，表示也想尝尝，这就到了宝宝需要添加辅食的重要时期，这时单一的母乳已经满足不了宝宝的营养需求了。

宝宝发育特点

1.扶宝宝坐起来时，他的头可以转动，也能自由地活动，不摇晃。

2.可以用两只手抓住物体，还会吃自己的脚。

3.能意识到陌生的环境，并表现出害怕、厌烦和生气。

4.哭闹时，大人的安抚声音，会让他停止哭闹或转移注意力。

5.能从仰卧位翻滚到俯卧位，并把双手从身下掏出来。

6.让宝宝站立，宝宝的臀部能伸展，两膝略微弯曲，支持起大部分体重。

7.宝宝能一手或双手抓取玩具。

8.宝宝会将玩具放到嘴里，明确做出舔或咀嚼的动作。

9.会注意到同龄宝宝的存在。

养护要点

1.可逐渐添加辅食。

2.帮助宝宝顺利接受新食物。

3.多抱宝宝出去玩耍。

4.训练宝宝手的抓握能力。

5.多逗引宝宝发音。

6.引导宝宝抓够悬挂的玩具。

7.多训练宝宝扶蹦。

8.宝宝已经开始接受匙子里的食物。

9.让宝宝对着镜子，训练他分辨面部表情。

5个月时	男宝宝	女宝宝
体重	约7.5克	约6.9千克
身长	约65.5厘米	约63.9厘米
头围	约42.8厘米	约41.8厘米
胸围	约42.2厘米	约41.9厘米

5～6个月

宝宝发育特点

1.已经出牙0～2颗。

2.双手支撑着坐。

3.物体掉落时，会低头去找。

4.能发出四五个单音。

5.会玩躲猫猫的游戏。

6.能熟练地以仰卧位自行翻滚到俯卧位。

7.坐在椅子上能直起身子，不倾倒。

8.大人双手扶宝宝腋下，让宝宝站立起来，能反复屈曲膝关节自动跳跃。

9.不用扶着就能坐立，但只能坐几秒钟。宝宝这时开始喜欢坐在椅子上，所以宝宝周围要用东西垫好。

10.能用双手抓住纸的两边，把纸撕开。

11.变得爱照镜子，常对着镜中人出神，他将开始对喂他的食物表现出某种偏爱。

12.可以双手堆积积木。

养护要点

1.培养好情绪，注意心理卫生。

2.对宝宝进行翻身、独坐、匍行的训练。

3.把宝宝扶起来多做跳跃动作。

4.恰当对待宝宝的安慰物。

5.准备磨牙器。

6.注意口腔卫生。

7.不要强迫宝宝进行坐的练习。

6个月时	男宝宝	女宝宝
体重	约8.0千克	约7.4千克
身长	约66.8厘米	约65.9厘米
头围	约43.1厘米	约42.9厘米
胸围	约43.4厘米	约42.1厘米

6~7个月

出生6个月后，从母体中获得的免疫力渐渐消失，所以这一时期宝宝很容易患上感冒等大大小小的各种疾病。因此，这一时期要特别注意宝宝的健康状况。

宝宝发育特点

1.宝宝平卧在床面上，能自己把头抬起来，将脚放进嘴里。

2.不需要用手支撑，可以单独坐5分钟以上。

3.拇指与食指对应比较好，双手均可抓住物品。

4.能伸手够取远处的物体。

5.大人拉着宝宝的手臂，宝宝能站立片刻。

6.能够自己取一块积木，换手后再取另一块。

7.能发出"ba""ma"或者"ai"的音。

养护要点

1.从吃、睡和大小便等方面入手，逐步过渡到养成洗手、洗脸、洗澡和擦手等良好的卫生习惯。

2.辅食的品种要多样化。

3.让宝宝学坐便盆。

4.帮助宝宝学习爬行。

5.宝宝的活动范围大了，要注意安全。

6.给宝宝穿便于爬行的衣服。

7.训练宝宝用杯子喝水。

8.鼓励宝宝的模仿行为。

9.让宝宝慢慢适应陌生人。

7个月时	男宝宝	女宝宝
体重	约8.5千克	约7.8千克
身长	约68.9厘米	约67.2厘米
头围	约44.3厘米	约43.5厘米
胸围	约44.1厘米	约42.9厘米

7~8个月

宝宝发育特点

1.会肚子贴地，匍匐着向前爬行。

2.能将玩具从一只手换到另一只手。

3.能坐姿平稳地独坐10分钟以上。

4.可以自行扶着站立。

5.能辨别出熟悉的声音。

6.能发出"ma-ma""ba-ba"的声音。

7.会模仿大人的动作。

8.已经能分辨自己的名字，当有人叫宝宝的名字时会有反应，但叫别人名字时没有反应。

9.对大人的训斥和表扬表现出委屈和高兴。

10.开始能用手势与人交往，如伸手要人抱，摇头表示不同意等。

11.会自己拿着饼干咬、嚼。

养护要点

1.练习爬行和站立。

2.认生很厉害。

3.停止夜间授奶。

4.学拿匙子。

5.协助宝宝练习手膝爬行。

6.宝宝如果胆小不敢前进，父母不必着急。

7.让宝宝练习连续翻滚。

8.不能过早地练习走路。

9.练习"ma-ma""ba-ba"的发音。

10.注意培养宝宝的排便卫生习惯。

11.注意给宝宝固定餐位和餐具。

12.训练宝宝认识身体的部位。

13.让宝宝学习用动作表示情绪和意愿。

14.让宝宝能与人进行简单交往。

8个月时	男宝宝	女宝宝
体重	约8.8千克	约8.2千克
身长	约70.6厘米	约68.8厘米
头围	约44.6厘米	约43.8厘米
胸围	约44.7厘米	约43.8厘米

发育较快的宝宝这个月龄已经开始会爬了。但是爬行的姿势会因宝宝的个体差异而各不相同，所以也没有什么明确标准。一般来说，最初是肚子贴着地，只有手在动，慢慢地就会双膝贴地，肚子离地向前爬行。但是也有的宝宝会出现倒着爬、坐着不动、只是趴着的情况等。爬的姿态可谓多种多样。

宝宝发育特点

1.爬行时可以腹部离开地面。
2.能自发地翻到俯卧的位置。
3.能自己以俯卧位转向坐位。
4.能用拇指和食指捏起小丸。
5.能够理解简单的语言，模仿简单的发音。
6.语言和动作能联系起来。
7.能用摇头或者推开的动作来表示不情愿。
8.能自己拿奶瓶喝奶或喝水。

养护要点

1.练习爬行和站立。
2.训练拇指、食指对捏动作。
3.练习对敲、摆动能力。
4.主食逐渐替代辅食。
5.给宝宝足够的空间。
6.让宝宝用手抓着棒状的东西吃。
7.被汗水浸湿的衣服要抓紧换掉。
8.理解和培养宝宝的好奇心。
9.大人对宝宝说"再见"或"欢迎"后，鼓励宝宝用手势回应。

9个月时	男宝宝	女宝宝
体重	约9.1千克	约8.5千克
身长	约71.5厘米	约70.0厘米
头围	约45.1厘米	约44.0厘米
胸围	约45.3厘米	约44.4厘米

9～10个月

这个时期宝宝还不能说出一句完整的话，但是可能会说简单的重复字：爸爸、妈妈、奶奶……如果能说出"吃吃、撒撒"就相当不简单了。说话早的宝宝已经能用简单的语言表达自己简单的要求，有的宝宝会说一些莫名其妙谁也听不懂的话，这是宝宝学习语言中常见的现象，这时候，妈妈应该努力地去领会宝宝的意思，积极地和他交流，并借此机会教宝宝正确的发音。

宝宝发育特点

1.能从坐姿扶栏杆站立。

2.爬行时可向前也可向后。

3.宝宝扶着栏杆能抬起一只脚再放下。

4.拇指、食指能协调较好，捏小丸的动作越来越熟练。

5.会抓住匙子。

6.想自己吃东西。

7.能区分可以做和不可以做的事情。

8.懂得常见人和物的名称。

9.能有意识地叫"爸爸""妈妈"。

养护要点

1.注意防止便秘。

2.培养宝宝独站的能力。

3.培养宝宝养成良好的饮食时间规律。

4.反复训练拇指、食指对捏能力。

5.逐渐用主食代替辅食。

6.培养良好的生活习惯和生活能力。

7.理解宝宝的特殊语言。

8.注重培养宝宝的专注力。

10个月时	男宝宝	女宝宝
体重	约9.4千克	约8.8千克
身长	约73.0厘米	约71.0厘米
头围	约45.6厘米	约44.5厘米
胸围	约45.6厘米	约44.6厘米

10～11个月

宝宝有一些先天的肢体语言，常见的有噘嘴，表示“我不愉快”；笑，表示“我很高兴”；而哭喊则表示“你没有满足我的要求”或“厌烦”；打哈欠表示“我困了，想睡觉”，或者“我感到很无聊”；身体打战，表示“我觉得很冷”；用手推开物品，对不爱吃的食物会避开脸，表示“快拿走，我不想要”；手伸向某物品，用手指指点某样东西向父母表示要求或示意“我想要这个”；双手伸向人，表示“我需要一个拥抱”，等等。

宝宝发育特点

1.能独站10秒钟左右。
2.大人拉着宝宝双手，他可走上几步。
3.穿脱衣服能配合大人。
4.能用手指着自己想要的东西。
5.喜欢拍手。
6.可以打开盖子。
7.宝宝会用手指着他想要的东西说“拿”。

养护要点

1.训练宝宝手足爬行、独站和行走的能力。
2.进食后注意给宝宝喝水。
3.尽量让宝宝光脚走。
4.提高宝宝的语言表达能力。
5.注重环境卫生和个人卫生。
6.防止摔伤，注意居家环境安全。
7.尿布的尺寸要适合宝宝。

11个月时	男宝宝	女宝宝
体重	约9.7千克	约9.1千克
身高	约74.3厘米	约72.7厘米
头围	约46.2厘米	约44.9厘米
胸围	约46.0厘米	约44.9厘米

11～12个月

宝宝发育特点

1.体型逐渐转向幼儿模样。
2.牵着宝宝的手，他就可以走几步。
3.可以自己把握平衡站立一会儿。
4.可以自己拿着画笔。
5.能用全手掌握笔在白纸上画出道道。
6.向宝宝要东西，他可以松手。

养护要点

1.让宝宝认识简单图形。
2.学认颜色。
3.和大人同桌吃饭。
4.用动作表示配合或表达愿望。
5.要戒掉奶瓶。
6.注意防止宝宝的手肘脱白。

12个月时	男宝宝	女宝宝
体重	约9.8千克	约9.3千克
身高	约75.5厘米	约74.0厘米
头围	约47.3厘米	约45.3厘米
胸围	约46.3厘米	约45.3厘米

12～15个月

宝宝发育特点

1.宝宝能独自走，并且走得很好。

2.能站着朝大人扔球。

3.能自己从瓶中取出小丸。

4.能用笔在纸上乱画。

5.把图画书或者卡片给宝宝，宝宝能按要求指出对应的画面或卡片。

6.会自己用匙吃饭。

7.能区分自己和别人的身体。

养护要点

1.训练独走和跑的动作。

2.合理营养，平衡膳食。

3.启发宝宝用语言表达自己的意愿。

4.提供宝宝和同龄宝宝交往的机会。

5.满足宝宝的正当要求。

6.培养独立活动能力。

7.夜间要保持8小时以上的睡眠。

15个月时	男宝宝	女宝宝
体重	约11.0千克	约10.2千克
身高	约79.4厘米	约77.8厘米
头围	约47.5厘米	约46.2厘米
胸围	约47.6厘米	约46.5厘米

15~18个月

宝宝发育特点

1.能扶着栏杆连续两步一级地走上楼梯。

2.宝宝知道利用椅子或凳子设法去够拿不到的东西。

3.可以把3块积木摞起来。

4.可以盖上碗盖。

5.可以倒着走。

6.能用手从一个方向把书页翻过去，每次2~3页。

7.开始长臼齿。

8.将2~3个字组合起来，形成具有一定意义的句子。

9.会要吃和喝的东西。

10.能在家里模仿大人做家务。

11.要大小便时会告知大人。

养护要点

1.常带宝宝到户外，训练走和跑的能力。

2.鼓励宝宝多做动手的游戏。

3.平时多表扬宝宝。

4.试着让宝宝自己整理玩具。

5.鼓励宝宝帮忙做家务。

6.从外面回来要先洗手。

7.注意宝宝的安全，防止意外发生。

18个月时	男宝宝	女宝宝
体重	约11.7千克	约11.0千克
身高	约83.3厘米	约81.9厘米
头围	约48.0厘米	约46.8厘米
胸围	约48.4厘米	约47.2厘米

18~21个月

辅食中不放调味料是最基本的常识，这一点妈妈一定要记住。但是，随着宝宝的长大，他的饮食会和成人的越来越接近，会经常吃到刺激性的食物。在宝宝2周岁之前，食物的味道要与辅食一样，淡一些，让食品保持原汁原味。

宝宝发育特点

1. 自己走路走得很稳。
2. 能双脚连续跳，但不超过10次。
3. 扶栏杆能自己上下楼梯。
4. 能模仿大人做简单的体操动作。
5. 能一张一张地翻开书页。
6. 开始试着折纸。
7. 可以画线段。
8. 可以从头顶上方扔球。
9. 可以将杯子里的东西倒出来。

养护要点

1. 进行排便训练。
2. 还不能走路的话要咨询医生。
3. 培养宝宝自己刷牙的习惯。
4. 宝宝的食物味道要清淡。
5. 多玩搭积木、握笔、画画、穿扣眼等游戏。
6. 控制零食的摄入量。

21个月时	男宝宝	女宝宝
体重	约12.3千克	约11.6千克
身高	约86.0厘米	约84.7厘米
头围	约48.5厘米	约47.1厘米
胸围	约49.1厘米	约48.0厘米

21~24个月

宝宝发育特点

1.双脚并跳时，能双脚同时离地。

2.能独脚站立。

3.能将5块积木摞起来。

4.可以自己开门。

5.可以自己脱衣服、裤子。

6.蹲着的时候可以自己站起来。

7.能向前踢球。

8.可以自己上台阶。

9.会说50多个字，发音已比较清楚。宝宝说到自己时能正确地用代词"我"而不再用小名表示自己。

10.能说出儿歌开头和结尾的几个字。

11.经常自言自语。

12.可以自己玩耍。

养护要点

1.抓住语言的突发期。

2.养成定时定点的饮食原则。

3.陪宝宝玩过家家的游戏。

4.鼓励宝宝多与人打招呼。

5.合理膳食，避免偏食。多吃蔬菜、水果、蛋、肉、鱼，少吃高脂高糖食物，预防肥胖。

6.培养有规律的生活习惯。

7.在宝宝面前使用标准的普通话。

24个月时	男宝宝	女宝宝
体重	约12.8千克	约12.2千克
身高	约88.5厘米	约86.3厘米
头围	约48.8厘米	约47.7厘米
胸围	约49.5厘米	约48.5厘米

24～27个月

宝宝发育特点

1.能双脚离地跳跃。

2.上下楼梯更加自如。

3.能走平衡木。

4.手指、手腕更加灵活。

5.会自己穿鞋。

6.会自己解扣子。

7.能折纸，会对角折成三角形。

8.能正确地使用代词"他"来指代宝宝的亲属和小伙伴等。

9.听到音乐时能起舞。

10.开始有是非观念。

养护要点

1.鼓励宝宝多跑、跳。

2.多带宝宝滑滑梯、荡秋千。

3.坚持让宝宝自己吃饭。

4.让宝宝自己洗手、洗脸。

5.让宝宝玩罢玩具后自己收拾。

6.鼓励宝宝发挥想象力，随意地涂鸦。

7.鼓励宝宝与同伴分享玩具和食物。

27个月时	男宝宝	女宝宝
体重	约13.0千克	约12.4千克
身高	约90.7厘米	约88.0厘米
头围	约49.0厘米	约48.0厘米
胸围	约49.9厘米	约48.8厘米

27～30个月

宝宝发育特点

1. 会骑三轮车。
2. 知道1与许多的意思。
3. 能听大人的口令做简单的体操。
4. 会说8～9个汉字组成的句子。
5. 会分辨大小、长短、粗细、高矮。
6. 能来回倒水不洒。
7. 会完成提裤子的动作。
8. 能熟练地用丝线连续穿4～5个扣子，并能将丝线拉出来。
9. 能说出2～3天前的事。
10. 能理解大人的要求，做对的事。
11. 认识红色和绿色。

养护要点

1. 教宝宝学会自我介绍姓名、年龄、爸爸、妈妈的名字。
2. 要让宝宝配合儿歌或者音乐，使手、脚、脑的活动更加协调。
3. 让宝宝在看卡片和阅读中认识汉字。
4. 培养宝宝的生活自理能力。
5. 让宝宝多观察、多思考。

30个月时	男宝宝	女宝宝
体重	约13.6千克	约13.0千克
身高	约93.3厘米	约92.0厘米
头围	约50.3厘米	约48.5厘米
胸围	约50.2厘米	约49.2厘米

30~33个月

宝宝发育特点

1. 能双脚交替上下楼梯。
2. 能坚持长时间走路。
3. 能快速地跑不会摔倒。
4. 会立定跳远。
5. 画画时姿势正确，懂得用左手扶纸。
6. 能用积木搭成房子、汽车等。
7. 会用香皂洗手。
8. 会用抹布擦桌子。

养护要点

1. 让宝宝多做各种运动，但需注意安全。
2. 选择应季的水果给宝宝吃。
3. 会自己穿脱袜子。
4. 能数数到20。
5. 理解时间的概念。
6. 知道自己的性别。
7. 看图讲故事并提问，让宝宝回答事情发生的经过，激发阅读兴趣。

33个月时	男宝宝	女宝宝
体重	约14.3千克	约13.8千克
身高	约100.6厘米	约93.7厘米
头围	约50.5厘米	约48.6厘米
胸围	约50.5厘米	约49.5厘米

33~36个月

这个阶段的宝宝好动、好问，这是宝宝的天性。宝宝经常会将玩具或家里的用具、摆设拆开来，想看看里面是怎样的。父母平时不要将重要的东西放在宝宝手边，并要叮嘱宝宝，这些东西很贵重，不能拆开。有不用的可拆卸东西可鼓励宝宝去拆，并可与宝宝一起探索其中奥妙。如果宝宝不小心拆了父母的重要东西，也不要过分斥责宝宝，以免挫伤他的积极性。

宝宝发育特点

1.两脚可交替跳跃。

2.可稳稳地单脚站立。

3.可以使用筷子。

4.已经懂得表达"饿了""冷了"和"热了"。

5.会提醒妈妈说错了故事情节。

6.会自己擦屁股。

7.能区分上、下、前、后、今天、明天。

养护要点

1.常带宝宝到儿童乐园玩耍。

2.做好入托的心理准备，以免入托后宝宝不适应。

3.了解幼儿园的作息时间，尽量让宝宝提前适应。

4.教宝宝交往技巧，了解什么能做，什么不能做。

5.认识日常用品，知其名称和用途。

36个月时	男宝宝	女宝宝
体重	约15.0千克	约14.6千克
身高	约102.5厘米	约94.9厘米
头围	约50.8厘米	约49.0厘米
胸围	约50.9厘米	约49.8厘米

宝宝睡觉习惯的养成

儿童时期睡眠方式变化相当大，包括从新生儿频繁而短暂的睡眠周期，到学步婴儿夜间长觉白天小睡，直至学龄儿童只有夜间长觉。正因为婴幼儿与成人之间存在这样的差异，所以父母一定要熟知婴幼儿睡眠的基本常识。

良好睡眠的重要性

睡得好长得高

生长激素的分泌在人体深睡一小时以后才逐渐进入高峰，一般在晚上10时至凌晨1时为分泌的高峰期。所以，要使宝宝长得高长得快，充足的睡眠是必不可少的。

睡不够易肥胖

很多父母都以为，小朋友睡得愈多，愈容易肥胖，殊不知实情却正好相反。睡眠的时间愈长，体内就会产生愈多的激素，而激素则有燃烧脂肪的作用。

多睡增强免疫力

患病后多睡觉是促进康复的良药，这种现象与名为胞壁酸的物质有关，它既能催眠，又可增强人体免疫功能。当宝宝患病时，多睡觉会使体内胞壁酸分泌增多，使免疫增强。

熟睡促进智力发育

人在熟睡之后，脑血流量明显增加，因此睡眠可以促进脑蛋白质的合成及孩子智力的发育。

睡眠不足危害多

大量的临床资料显示，睡眠不足可引起疲倦、注意力不集中、易激动、易冲动等类似多动症的症状。

睡眠不好的宝宝脾气急躁，精神状态差，妈妈要督促宝宝养成良好的睡眠习惯。

0~3岁宝宝的睡眠时间

新生儿

刚出生的小宝宝，大脑皮质发育得还很不完善，如果总是处在清醒状态，大脑就会过度接受刺激而得不到休息。因此，刚出生的小宝宝，几乎整天都在睡觉，这是他们最自然的保护自己的方式。

新生儿需要睡多久，就睡多久。唯一的问题是，当你要他睡时，他可能不睡，这就使大人晚上只能断断续续地睡。在孩子建立起比较符合大人的睡眠习惯的规律之前，奶爸应该更加义不容辞地承担更多的工作，让产后妈妈得到充足的休息。

1~2个月的宝宝

宝宝不再像刚出生时那样，整天睡个没完没了，此时的宝宝每天需要保持16~18小时的睡眠。除了吃奶和啼哭外，宝宝一般在白天吃完奶后，能清醒一段时间，并且，夜间睡眠的时间相对延长了一些。一般来讲，宝宝白天大约要睡3次，每次可能睡2个小时，父母不必非让宝宝白天睡过多的觉，否则，宝宝可能会在夜晚不好好入睡。

这时，宝宝虽然还是那么小，但是大脑却逐渐地发育起来了。

2~4个月的宝宝

宝宝的睡眠周期开始与成年人的睡眠周期有些接近了，他们也有入睡期（眼皮颤动）和熟睡期。到4个月大的时候，总体的睡眠时间将会减少到大约每天15个小时，有的宝宝夜晚最长的睡眠时间可以从4小时延续到约9小时，上午和下午各睡两三个小时。在这个时期，父母可以让宝宝定点睡觉：在你的宝宝还没有陷入疲惫不堪的低谷之前，你要捕捉到他开始有些睡意的蛛丝马迹。很多父母的经验是每隔两小时就把宝宝放在床上让他休息。

4~6个月的宝宝

由于大脑发育得很快，这个时候的宝宝白天醒着的时间越来越长。醒着的时候，不仅眼睛会到处看，而且身旁如果有玩具，还会去触摸，喜欢别人逗他玩儿。此时的宝宝，每天的睡眠时间还需保持在15个小时左右。一般来讲，上午能睡2小时左右，下午能睡3小时左右的宝宝，夜里就可以睡得比较熟了，中间可能只醒一次了，这对母乳喂养的妈妈来说真是福音啊！

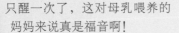

6~9个月的宝宝

这一阶段的宝宝夜里睡11~12个小时，有些宝宝每夜都会短暂地醒4~6次，其中能自我抚慰的宝宝醒一会儿很快又会睡着；相反，"问题宝宝"则会唤醒父母，需要在父母的帮助下再次入睡。这往往是父母以往的养护习惯造成的，比如抱着、摇着入睡或让宝宝睡在自己的大床上。

吃足奶的宝宝便会养成在夜间逐渐不吃奶的习惯，因而会睡得更好。

9~12个月的宝宝

宝宝一天天地在长大，白天睡眠时间变得越来越少。在这个阶段宝宝每天需要睡14个小时左右。白天可能会睡上两三次，通常是上午睡一次，下午睡一或两次，但每次睡眠的时间并不固定。由于开始添加辅食，宝宝在夜里可能不再吃奶，一般会睡上10个小时，甚至一直睡到天亮才醒。10个月的宝宝已经到了断奶的时候，因此，妈妈应该对宝宝做开始断奶的准备，如每天在宝宝入睡之前，喂奶后再加喂一点辅食。

12~18个月的宝宝

宝宝学会走路后，活动范围逐渐增大，活动量也随之增加许多，因此，身体需要充分地得到休息。然而，大脑还没有发育完善，容易兴奋又容易疲劳，所以，睡眠对于宝宝来讲仍然非常重要。这个年龄的宝宝一般每天仍需要14小时左右的睡眠，白天睡1~2次，每次1~1.5小时，夜里至少保持10个小时的睡眠。

18个月~2周岁的宝宝

在这个时期，宝宝的生活里有太多令他兴奋的事情，以至于到了晚上他还不能使自己安静下来。这个时期的宝宝还会经常与父母就什么时候睡、睡哪里的问题讨价还价。

每个人在任何时候都会有和平常作息不一样的时候，如果宝宝只是偶尔为之，就不必担心。

2~3周岁的宝宝

这一阶段的宝宝能走、能蹦，非常活泼，生长发育也十分迅速，足够的睡眠是保证健康成长的必要条件之一。在睡眠中宝宝身体的能量消耗最少，而促进生长的激素却分泌旺盛，所以，宝宝每天还需保持12小时左右的睡眠。睡眠的时间和次数，随着宝宝的长大而逐渐减少。2岁半后，除了夜间睡眠外，宝宝每天白天进行一次午睡，尤其是在夏季。午睡的时间可以因人而异，通常为2~3小时，以消除宝宝上午的疲劳，并且可养精蓄锐，为下午的活动储存体力和脑力。

睡眠特点	
新生儿	每天睡20小时左右
1~2个月的宝宝	每天睡16~18小时
2~4个月的宝宝	每天睡15小时
4~6个月的宝宝	白天醒着的时间越来越长
6~9个月的宝宝	不同宝宝的睡眠差异开始明显
9~12个月的宝宝	夜间可以不醒直至天亮
12~18个月的宝宝	每天需要14小时左右的睡眠
18个月~2周岁的宝宝	入睡因主观原因变得困难
2~3周岁的宝宝	需保持12小时左右的睡眠

如何哄宝宝入睡

晚上多睡，白天少睡

如果宝宝白天睡得过多，晚上就不能熟睡，所以午觉的时间不宜过长。宝宝在一周岁之前，上午和下午最好都睡一觉。但出生18～24个月以后，上午就不用睡觉了。另外，宝宝满3周岁以后，下午睡觉的习惯也会逐渐消失。

营造出睡觉的气氛

如果在宝宝睡觉的时候，爸爸妈妈还在看电视，或者屋里亮着灯，或者周围环境吵闹，那么宝宝就无法安稳入睡。为了让宝宝按时睡觉，家人应该为宝宝提供安静的睡眠环境。

宝宝独自睡觉时，不能更换地方

为了培养宝宝独自睡觉的习惯，有些妈妈趁宝宝睡着时，悄悄地把宝宝送回儿童房，但这样不代表宝宝已经养成了独自睡觉的习惯。另外，通过这种行为，宝宝会认为父母在欺骗自己，会对父母产生不信任感。在培养宝宝的独立能力时，儿童房应该靠近父母的卧室，让父母能随时听得到宝宝的声音。

3个月以后，无论你怎样放他睡觉，他都会翻转成最适合他的位置和姿势去睡。

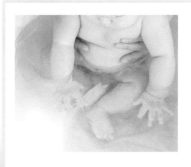

用温水沐浴

沐浴不但能缓解宝宝的疲劳，而且可以稳定情绪。宝宝在睡觉之前，可以用温水沐浴，放松紧张的肌肉，有助于睡眠。宝宝在沐浴以后，很快就能进入梦乡。通常晚上8点后，大部分宝宝都会感到疲倦，所以要尽量提前沐浴。

每个妈妈在经历了几个月的育儿之后，都会有自己的方法，不妨发到网上和妈妈们一起交流一下。

听有节奏感的音乐或童话故事

当宝宝不能入睡的时候，可以给宝宝听有节奏感的音乐，或者童话故事。此刻的妈妈可以唱出世上最优美的摇篮曲。刚开始，尽量用愉快的声音唱歌，当宝宝入睡时，应该放慢唱歌的速度。唱歌时，应该尽量降低音量。拍着宝宝入睡时，一开始应该用快节奏的节拍，然后逐渐转变为柔和、缓慢的节拍。听到抒情的音乐或童话故事，宝宝会很容易稳定情绪。

点亮小台灯

宝宝在2周岁时，就会拥有一定的想象力，开始害怕黑暗。在这个时期，应该照顾宝宝的情绪，不能关闭屋内全部的电灯，最好给宝宝点亮一盏小灯。当宝宝睡醒时，不应该马上做出反应，最好等上一段时间，同时观察宝宝的状态。即使宝宝哭闹，只要不予理会，宝宝就会继续睡觉。

用娃娃或玩具稳定宝宝的情绪

很多宝宝在睡觉时，都担心妈妈离开自己，不能安稳入睡。可以给宝宝玩可爱的娃娃或玩具，稳定宝宝的情绪。如果宝宝离不开妈妈，也不要勉强宝宝单独睡觉。妈妈要一直陪在宝宝身边，直到宝宝入睡。

提供舒适的睡眠环境

只要有柔软的棉被、凉爽的空气、适当的湿度和温度，宝宝就可以安稳地入睡，为了使宝宝熟睡，首先要打造舒适的睡眠环境。

培养自觉睡觉的意识

宝宝每天临睡之前，应该让宝宝知道更换睡衣、刷牙和说"晚安"，这是不可缺少的流程。只要宝宝学会了睡前需要重复做的事情，就容易养成按时睡觉的习惯。另外，有些宝宝会半夜醒来排尿，因此最好培养宝宝睡前上洗手间的习惯，入睡前尽量不要喝水。

改善睡眠环境的方法	
经常换气	夏天要使用空调，冬天要使用加湿器，并要保证空气流通，经常换气。一般情况下，每隔一小时就要打开窗透气，让宝宝呼吸新鲜的空气
在阳光下暴晒棉被	每隔2~3周必须洗一次棉被，而且阳光下暴晒
床铺与墙壁之间必须保持一定的距离	为了节省空间，大部分家庭都把床铺紧贴着墙壁摆放。但为了预防潮湿并保持通风，床铺和墙壁之间至少要相隔10厘米

哄睡的错误做法

经常听到一些父母说："为了哄自己的宝宝睡觉，全家人想尽了各种办法，搞得精疲力竭，还是不奏效啊。"方法对不对确实很重要，下面就介绍一些哄睡过程中的常见错误，供大家参考。

用摇篮床哄睡

这种做法对宝宝十分有害。因为摇晃动作会使婴儿的大脑在颅骨腔内不断晃荡，未发育成熟的大脑会与较硬的颅骨相撞，造成脑小血管破裂，造成脑震荡、颅内出血。轻者会发生癫痫、智力低下、肢体瘫痪，严重者可能导致脑水肿、脑疝而死亡。如眼睛里的视网膜受到影响，还可导致弱视或失明，尤其10个月内的宝宝更危险。

喝着奶睡觉

喝着奶睡觉可不是一个好习惯。临睡时吃较多东西，会造成宝宝的胃肠负担加重，也会打乱消化液的正常分泌。这样宝宝就会感到胃不舒服，而睡不踏实。对小宝宝而言，在入睡时昏沉沉的状态下喝奶也是一件危险的事，容易发生呛奶的情况。最后，还有一个潜在的不良后果，那就是：由于宝宝喝着奶就睡着了，父母一般没有机会给宝宝清洁口腔。残留的奶汁对宝宝的乳牙构成了很大的威胁，极易导致宝宝龋齿。

正常的作息规律才能保证人体生物钟的正常运作，每日睡多久、醒多久，其中都是有"配额"的，若白天睡得多了，晚上自然就睡不着。所以，保证合理的觉醒作息规律也很重要。

确保婴幼儿良好的睡眠，需重视进食的时间、时机和食物的种类。

看电视哄睡

电视里的一些画面可能会刺激宝宝的神经中枢，造成宝宝情绪激动，入睡难，而且，即使睡着了，也会导致宝宝神经紧张、噩梦连连。到了睡觉的时候，就应尽量避免各种干扰，让宝宝在睡觉前有一段安静时间，这样才可以使其兴奋的神经中枢逐渐抑制下来。

用安抚奶嘴哄睡

含奶嘴睡觉对宝宝的乳牙发育不利，而且影响上下颌骨的发育，使嘴变形。另外，对小宝宝来说，吮吸空奶嘴容易咽下过多的空气，引起腹痛或呕吐。对于已形成含安抚奶嘴睡觉习惯的宝宝，建议妈妈可以通过分散注意力的方法，来帮助宝宝早日戒掉这个习惯。

吓唬哄睡

用吓唬来哄宝宝睡觉，是得不偿失的办法。因为小宝宝无法辨别父母是否在跟他开玩笑，用一个他比较害怕的东西来吓唬他，或许能暂时达到目的，让他就范。但是，他的潜意识里对这种东西产生的恐惧会一下子变得很真实。因此，在哄宝宝睡觉时，要态度和蔼、动作柔和。有些宝宝不能马上入睡，也不要大声训斥、吓唬或强迫其入睡，要给予宝宝更多的爱抚，帮助他放松自己，进入一种安静祥和的状态中。

焦虑、恐惧、不安的心理也是儿童睡眠障碍的危险因素。那些成长环境不佳的宝宝，如父母常争吵；教育过于严厉；父母之间教育方式不一致等，都比其他人容易出现睡眠障碍。

如何辨别宝宝的夜啼声	
从时间辨别	可能原因
喝奶之前或午夜后啼哭	饥饿
喝奶时啼哭	口腔炎或鼻塞，或是婴儿吸乳时母亲的乳房阻塞鼻孔、先天性心脏病、肺部疾病及贫血等所致的氧气不足
排便时啼哭	结肠炎、膀胱炎、尿道口炎和消化或泌尿系统畸形等
给刺激后，啼哭的出现较正常婴儿迟缓	存在大脑病变

从部位辨别	可能原因
因体位改变或触及某些部位而哭闹	婴儿身体某部位有病症，如外伤、骨头病变或过敏性疼痛等
牵扯耳郭哭闹	外耳瘘、中耳炎
转头或屈颅时啼哭	与颅内压增高等有关
睡在床上就哭，抱起就不哭	不良睡眠习惯

从症状辨别	可能原因
啼哭并且伴有发热、流涕、咳嗽	多系呼吸道感染
啼哭并且伴有呼吸、心率增快	多系心、肺疾病
阵发性剧哭伴随呕吐或便血	肠套叠、肠梗死、出血坏死小肠炎、痢疾等
啼哭有多汗、易惊症状	佝偻病、营养不良等
啼哭伴面色苍白或肝、脾、淋巴结肿大	血液方面疾病

保护乳牙的好方法

萌牙和换牙的顺序

宝宝乳牙的萌出遵循着一定的生理规律：一般来讲，宝宝的乳牙是在宝宝7～8个月时开始长出的，也有的宝宝会在出生后4个月就开始长牙，有的会在出生后10个月开始长牙，这都属于正常现象。一般是左右牙对称发育，如果宝宝在1周岁时还没有长出乳牙，可能是身体出现了某种异常。

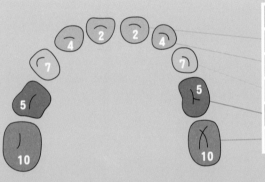

上颌	萌芽	换牙
中门齿	8～12个月	6～7岁
侧门齿	9～13个月	7～8岁
乳犬齿	16～22个月	10～12岁
第一乳臼齿	13～19个月	9～11岁
第二乳臼齿	25～33个月	10～12岁

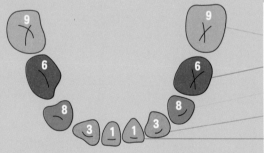

下颌	萌芽	换牙
第二乳臼齿	21～31个月	10～12岁
第一乳臼齿	14～18个月	9～11岁
乳犬齿	17～23个月	9～12岁
侧门齿	10～16个月	7～8岁
中门齿	6～10个月	6～7岁

出牙前

母乳喂养有利于牙齿的正常发育

因为一般婴儿出生，其下颌骨相对处于稍稍后缩的状态，而在母乳喂养时，宝宝会反复做吮吸动作，可以使下颌调整到正常的状态。所以，如果条件允许，建议妈妈尽可能采用母乳喂养，锻炼宝宝自己吮吸母乳。

注意出牙的信号

在乳牙萌发前期，宝宝会因牙床不适而变得喜欢咬奶头或啃手指。这个时候，妈妈就要注意保护好宝宝的口腔黏膜，不洁的手指或任何一点的口腔外伤都可能会引起口腔的局部感染。一定要加强护理，不要让宝宝伤了口腔。

注意口腔卫生

这个阶段的宝宝，虽然还是主要以母乳或奶粉为主，但也应该开始重视口腔清洁了。妈妈可以在喂完奶或其他辅食后，给宝宝加喂几口白开水。这种漱口方式简单而有效，基本可以清除口腔里的乳渣或辅食残渣。

牙胶：又称磨牙棒、固齿器、练齿器，它由安全无毒的软塑料胶制成，有多种设计，能有效地减轻出牙所引起的不适感，帮助宝宝锻炼嚼、咬的动作，提高牙齿的坚固性。

奶粉喂养应尽量模仿母乳喂养的姿势

一般来说，奶粉喂养比较容易导致婴儿的下颌前伸不足或前伸过度，从而造成下颌后缩或下颌前突的畸形。而模仿乳头形状的仿真奶嘴则比较有利于乳牙和口腔的正常发育。在喂奶时，要注意奶瓶的倾斜角度，使宝宝吮吸时下颌做前伸运动，就如吮吸母乳一般，这样就可以避免宝宝牙颌畸形。

护齿湿巾：又称口手清洁湿巾。采用了100%的食物原料制成。可以专门用来清洁婴幼儿口腔内的舌苔，特别适合宝宝乳牙萌出前期的口腔清洁。

出牙期

帮助宝宝做适当的牙床锻炼

建议妈妈买一些磨牙饼或硅胶材质的牙胶，让宝宝咀嚼啃咬，这样既可以锻炼宝宝的颌部肌肉和牙床，也可以促使牙齿尽快长出且排列整齐。

及时正确地添加辅食

6个月的宝宝就应该开始添加辅食了。辅食不仅为宝宝乳牙的生长提供了必要的营养，而且饼干、苹果条等食品还能有效地锻炼宝宝乳牙的咀嚼能力，有助于牙齿的健康发育。

给宝宝补充钙、磷及维生素

钙和磷等矿物质是组成牙骨质的主要成分，而牙釉质和骨胶的形成又需要大量的B族维生素和维生素C，牙龈的健康也离不开维生素A和维生素C的供给。长期缺乏钙、磷及维生素，牙齿就会长得小而稀疏，甚至参差不齐。因此，及时为宝宝提供充足的钙磷矿物质和各种维生素对于乳牙发育极为重要。

新萌出的乳牙也会患龋齿

这是因为新萌乳牙表面的硬组织发育不完善，硬度也比较低，而此时宝宝的食物又仍以甜食为主，这就给龋齿细菌的生长繁殖提供了有利的条件。所以，妈妈尤其要重视新萌乳牙的清洁护理工作，保护好宝宝的第一颗牙！

指套牙刷：大多数用无毒硅胶制成，指套头部附有柔软而富韧性的刷头。在宝宝刚萌出一两颗小牙时，指套牙刷就是一个很方便的清洁工具。

乳牙清洁棉棒：一般采用100%天然棉球，可专门用于清洁宝宝的口腔，干净卫生且简单方便。

固齿期（出牙后）

控制多糖食物的摄入

尽量少给宝宝喝一些糖分高的饮料，即使是喝果汁也应适量，还是建议给宝宝多喝白开水。在睡前最好不要给宝宝吃东西或喝奶，尤其不要让宝宝喝着奶或糖水入睡。如果宝宝有睡前喝奶的习惯，可以让他喝奶后喝一些水漱口。

定期做牙齿检查

宝宝的乳牙是恒牙生长的基础，而很多宝宝的乳牙疾病在早期症状并不明显，如龋齿、牙齿反颌错位等，而到后期发现时已经错过了最佳的预防和治疗时机。所以，保护牙齿要防患于未然，建议在宝宝出牙后就可以定期做牙科检查，做好预防和早治工作。

充分锻炼口腔肌肉的功能

在日常生活中，妈妈应多为宝宝提供坚硬耐磨的食物（如新鲜水果、馒头干等）来帮助宝宝练习咀嚼。咀嚼时间越长，分泌的唾液也就越多，而这些多分泌出来的唾液就会把牙齿清洗干净。而且宝宝多锻炼咀嚼动作，还可以有效提高牙齿的坚固性呢。

　　婴幼儿牙膏：一般清洁口腔的工具还是以牙刷为主，牙膏则起到了辅助的作用。6岁之前宝宝不能使用成人含氟牙膏。

牙齿知识小课堂

培养良好的刷牙习惯

在宝宝出齐了最前面的八颗牙后，妈妈就可以尝试让宝宝接触用牙刷刷牙。一把硅胶质手指牙套或一把柔软刷毛的小牙刷可以让宝宝开始认识刷牙的功能。但刷头大小要适合宝宝的口腔大小，刷牙的时间应为2~3分钟，每天坚持至少早晚分别刷一次。这样，等宝宝2岁以后乳牙出齐，就能很快适应并学会自己刷牙了。

多喝母乳有利于乳牙的生长

乳牙即使长时间浸泡在母乳里也不易被蛀坏。而且，母乳还可抑制牙齿上细菌的繁殖，有效防止龋齿的产生。另外，母乳中还富含宝宝生长发育所需的钙质，而且这种乳钙的形式也更容易被宝宝所吸收！

每天坚持口腔和牙齿的清洁

除了帮宝宝养成在进食后用淡盐水和茶水漱口的习惯外，建议妈妈可以用干净的纱布包裹自己的食指，沾些许淡盐水或白开水，轻轻擦拭乳牙及牙床上的附着物，清洗宝宝口腔，这种口腔护理方法简单有效，可以持续到宝宝乳牙全部萌出为止。

　　婴幼儿牙刷：婴幼儿牙刷刷头的毛质在柔软度、坚韧性和刷头的打磨处理方面都更加适合婴幼儿口腔，能有效清洁宝宝的乳牙和口腔。

刷牙也有要领

到了出生后12个月，上下牙就会各长出4颗，前面的8颗牙都会长出来，所以可以真正地开始通过刷牙来保护牙齿了。从这一时期起，也可以试着开始使用幼儿专用牙膏了。

针对不喜欢躺着的宝宝

不要强迫宝宝躺下，可以先养成用面对面的姿势刷牙的习惯。让宝宝靠着墙坐着，因为头部正好可以固定，所以刷牙也会比较方便。让宝宝坐在椅子上也是很好的方法。

1.拿牙刷的方式要方便刷牙。稍微向前握住牙刷柄会更利于掌握力度。

2.将少量牙膏挤在牙刷上。

针对长出臼齿的宝宝

屈腿坐着，让宝宝躺在两腿中间的位置，把宝宝的脑袋牢牢地夹在两腿之间。特别是在刷臼齿的时候，要夹紧宝宝的腋窝，这样拿着牙刷的手即使不用太用力，也可以顺畅地刷牙了。

3.先刷门牙的前部分。

4.里侧的牙龈也要用牙刷轻轻地擦拭。

5.为了将口腔内残留的牙膏去除，将牙刷用清水清洗。

6.用牙刷将口腔内的牙膏清洗干净，然后再清洗牙刷。如此反复三四次。

日常的牙齿护理非常关键，这是对宝宝一生都有好处的事情。

宝宝的排便训练

如厕训练的准备

如厕训练一般是在宝宝18～36个月大时进行。有的孩子可能在20个月时就能在白天控制大小便了，但是大多数孩子是在2～3岁学会控制大小便的。当然，究竟什么时候开始训练孩子如厕，要视孩子的情况而定。

生理准备

和孩子讲解身体的简单构造，告诉孩子身体的一些重要部位以及它们的功能，特别是排泄的器官，让孩子了解大小便是如何产生的，然后是通过哪里排出体外的。

养成良好的排便习惯，对宝宝的消化系统也非常有好处。

说话准备

首先要让孩子听懂大人口中的"尿尿""便便""嘘嘘"是什么意思，能够听懂父母的命令，然后再学会用语言或者手势、动作来告诉父母他们要上厕所了。不要要求孩子一定要用大便、小便这样的规范字眼，只要能让大人明白他的意思就行。

心理准备

要和孩子建立起良好的亲子关系，让孩子对家长和环境有基本的信任感，愿意配合父母学习控制排便。如果孩子因为独立意识作祟，不愿意听从家长的指令时，不要强迫孩子，要学会运用选择性的语言来和孩子商量，如，"你想再去玩一会儿再来尿尿呢，还是尿完了再去玩啊？"

可以开始如厕训练的信号	
定时大便	宝宝每天都在固定的时间内大便
不在尿布上小便	宝宝包的尿布可以好几个小时都保持干净，睡觉醒来时尿布也没有湿
语言表达	当尿布湿了以后，宝宝会主动要求换尿布
模仿	宝宝对其他人上厕所的行为表示感兴趣，甚至还会在马桶上坐一会儿
有独立意识	宝宝开始喜欢自己的事情自己做，独立意识开始抬头
大小便前的表情有变化	在尿尿前的短时间内，宝宝能够意识到并有一定的表情或反应

分阶段的排便训练

从宝宝两个月起就应该训练良好的排便行为，使他按时排便，排便最好在清晨或晚上临睡前，早晨排便最好，晚上大便则可使宝宝夜里睡得踏实。

0～5个月：及时更换湿尿布，让宝宝体会清爽的感觉

宝宝弄湿了尿布后，要及时地更换尿布，使宝宝的臀部保持清洁、干爽的状态。换尿布的时间是妈妈和宝宝交流感情的重要时刻。换尿布时，应该经常跟宝宝说"来，我们换尿布吧"。

6～12个月：必须掌握排便节奏

在这个时期，宝宝膀胱的容量会不断增大，可以容纳一定量的尿液，因此排尿的间隔会逐渐增加，与此同时，排出大便的次数会愈来愈少。当宝宝有排尿感时，脸部表情大都会改变，当不小心尿裤子时，还会经常哭闹。在这个时期，应该仔细观察宝宝的表情，准确地掌握宝宝大小便的排便节奏。

让宝宝将换尿布的过程当作一种游戏，在与妈妈交流和玩耍的过程中完成换尿布的步骤。

13～18个月：让宝宝坐到排便器上

如果宝宝的排便节奏有一定的规律，就应该按时让宝宝坐到排便器上，或者带宝宝上洗手间。刚开始，不能急着进行排便训练，应该先让宝宝习惯排便器。另外，刚开始时不能急着让宝宝坐到排便器上，应该让宝宝把排便器当成玩具，逐渐习惯。

当宝宝想要排尿时，就应该让宝宝体验在排便器上"唰"地排尿的感觉，这样宝宝很快就能自理大小便。但是，不能让宝宝长时间坐在排便器上。如果宝宝想从排便器上起来，就应该顾及宝宝的情绪，立刻带宝宝离开排便器。如果宝宝成功地排便，就应该保持愉悦的心情夸奖宝宝。只要宝宝能够控制排便节奏，自觉地到洗手间解手，那么排便训练就圆满成功了。另外，还必须培养宝宝排便后洗手的习惯。

19～24个月：全面进行排便训练

在这个时期，宝宝的排尿感愈来愈敏感。如果宝宝排尿后跟妈妈说"嘘嘘"，或者用肢体语言表达排尿的感觉，就应夸奖宝宝。有些宝宝在排便器上不排尿，等到离开排便器时就尿裤子，在这种情况下，绝对不能生气，要耐心地教他。

教宝宝上厕所

发出"排便信号"

教宝宝如厕，应先教会宝宝事先发出"排便信号"，可以是身体的，如两腿夹紧，也可以是口头的"嘘嘘""便便"，这时就可以带宝宝进厕所了。

坐在坐便器上

领宝宝到坐便器旁，让宝宝自己或大人协助把裤子脱下，退到脚部的位置，然后让宝宝坐到坐便器上。

1.刚开始训练时，最好给孩子穿有松紧带的内裤和外裤，方便孩子拉上拉下。如果孩子做得好，父母要及时地表扬和鼓励，这样等他掌握脱松紧带裤子的技术以后，就可以练习脱复杂一些的衣服了。

2.训练用的坐便器，让他自己选择喜欢的座椅式坐便器，这有利于激发宝宝自己如厕的兴趣。选择坐便器时应注意，坐便器应该牢固、舒适、高低适宜，宝宝坐上去时，双脚应正好着地。

3.如果是大一点的孩子，可以教他在大人的坐便器上排便。排完便后，教宝宝盖好马桶盖，再放水冲，养成良好的卫生习惯。

排　便

把水龙头打开，让孩子听着"哗哗"的水声排便。

1.如果是男宝宝训练如厕，可以在便池中放一个彩色塑料环，让孩子以环为靶心排便，这样会使训练更像游戏，孩子会不断练习，争取提高命中率。久而久之，在便池中排尿也就习以为常了。

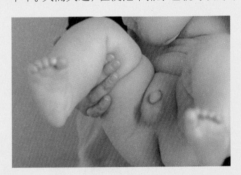

2.父母要告诉不同性别宝宝如厕的方法：男孩子排尿时要鼓起小肚子，这样才不会弄湿裤子；女孩子则双手扶住座架两旁，以保持身体的平衡。

清洁屁屁

孩子排完便后，要清洁小屁屁；也可以让孩子翘起屁股，方便大人给他清洁屁屁。

2岁半时，可以培养孩子用纸擦屁股。大人先把纸裁成方形，然后让孩子对折两次，用右手拿着纸从前面往后擦。一定要告诉孩子从前面往后擦，让孩子养成这个习惯。也许孩子会奇怪："为什么要从前面往后擦？"你可告诉他："因为后面的便便很脏，从前面往后擦就不会把屁屁弄脏了。"

穿上裤子

让孩子把内裤和外裤拉上，大人可以帮助孩子整理一下裤子。

洗　手

把孩子带到水池边，打开水龙头，让孩子自己洗手，然后用擦手毛巾把手擦干。

去公共卫生间的时候，要让宝宝看懂男女不同的标识。

给宝宝洗澡

洗头发

给宝宝洗澡的第一步就是洗头发，妈妈可以坐在小板凳上，让宝宝仰卧在妈妈的左侧大腿上，用前臂将宝宝的臀部夹在妈妈的左腰部，要让宝宝的面部朝上，头部微微向下倾斜，用左手托住宝宝的头部和颈部，左手的拇指和中指捏住宝宝双侧的耳朵，将耳孔堵住，以防止水流入耳道，再用右手为宝宝洗头。

洗头用的洗发液最好是无泪配方的，以免流入眼睛中引起疼痛，按顺时针方向柔和地揉搓。妈妈可一边替宝宝清洁头部，一边用右手指腹轻轻按摩。洗完后一定要用清水冲洗干净，并用毛巾轻轻擦干头发。

物品准备：浴盆、沐浴椅、毛巾、浴棉、婴儿沐浴液、婴儿无泪洗发露、爽身粉、护臀霜、浴巾、干净衣服、尿布。一定要把洗澡、擦干身体和穿衣服时的用品都准备好，放在手边。

洗 脸

洗完头发之后就可以开始洗脸了。可以先清洁眼睛，用半干的小毛巾或纱布从眼睛的内侧向外侧轻轻擦拭，眼屎较多时要擦拭干净，接着清洗鼻子周围的皮肤和耳朵后面及耳郭内外皮肤，注意毛巾不能太湿，否则容易将水弄进外耳道中。最后清洗口鼻周围、脸颊和前额皮肤。每擦一个部位之后，都要重新清洗毛巾，防止感染。

洗身体

妈妈往澡盆中先加凉水再加热水，总的水量约占澡盆的一半，再将宝宝的衣服脱去。如果是出生7天内的新生儿，他的脐带还没有脱落，因此，不能将全身浸泡在水中洗澡，而是应当将上下身分开来洗。大一点的宝宝就没有问题了，可以先洗颈部和上半身，用浴盆中的水依次清洗颈部、腋下、前胸、后背、双臂和双手，然后洗下半身。最后给宝宝的身上涂些沐浴液，轻轻搓洗后冲洗干净即可。

洗屁股

不要分开女婴的阴唇清洗，会妨碍可杀灭细菌的黏液流出。为女婴清洗外阴时，注意从上到下、从前到后的顺序，预防来自肛门的细菌蔓延至阴部引起感染。用软毛巾或细纱布轻轻清洗尿道口、阴道口外部和肛门周围的脏东西，肛门皱褶里残留的粪渣也要清洗干净，千万不要洗阴道口里面。洗后要及时擦干水分，让外阴保持干爽。

要先把肛门周围擦干净，用软毛巾蘸温水清洗，擦净肛门皱褶里的脏东西。用拇指和食指轻轻捏着阴茎的中段，朝宝宝腹壁方向轻柔地向后推包皮，让龟头和冠状沟露出来，再用温水清洗，然后把阴茎扶直，轻轻擦拭根部和周围皮肤，动作一定要轻柔，否则易撕伤或损伤包皮。因阴囊表面的皱褶很容易藏污纳垢，可用手指将皱褶展开后再轻轻擦拭。

洗完之后

妈妈将宝宝从水中抱出，用干而柔软的浴巾轻轻地将水擦干，特别要注意有皱褶的地方，如耳朵、颈部、腋窝、肚脐、外生殖器、手指和脚趾间等。在婴儿的身上扑上些痱子粉，套上干净的纸尿裤，并给宝宝穿上干净的衣服。

洗浴时间：可选择在两次喂奶的中间时段，也就是喂奶后1～2小时洗澡为宜。洗澡的总时间最好控制在10分钟之内，否则宝宝会因体力消耗而感到疲倦。

室温和水温：室温应保持在26～28℃，适宜的水温为42℃。

抱宝宝的方法

脖子不能竖起时

抱　起

1.如果宝宝仰卧在床，把你的一只手轻轻放在他的下背部或臀部下面。

2.另一只手轻轻置于宝宝的头、颈下方。

3.轻轻地、慢慢地抱起宝宝，这样宝宝的身体有靠傍，头就不会往后耷拉。

4.把宝宝的头小心转放到你的肘弯或肩膀上，使头有依附。

放　下

1.把一只手置于宝宝的头颈部下方，然后用另一只手托住其臀部，慢慢地、轻轻地放下他，手一直扶住他的身体，直到其重量已落到床褥上为止。

2.从宝宝的臀部轻轻抽出最靠近你的那只手，用这只手稍稍抬高他的头部，使你能够轻轻抽出另一只手；然后轻轻地放低他的头。不要太快抽出你的手臂。

颈部结实以后

抱在手臂里

妈妈靠在椅背上，悠闲地抱着宝宝，这是宝宝颈部结实以后最适合的抱法。颈部结实后，不用手支撑着头部也没有关系。

坐在腿上抱

妈妈坐在椅子上，宝宝背冲着妈妈坐在妈妈的腿上。宝宝很喜欢看到周围宽阔的环境，也很喜欢妈妈摆弄他的手和脚。

靠着肩膀抱

妈妈一只手拖着宝宝的臀部，另一只手护着宝宝的腰部，让宝宝的头搭在妈妈的肩膀上。

尽量给宝宝充足的拥抱。在妈妈的肚子里就和妈妈一直亲密接触的宝宝，出生后也希望与妈妈在一起。见到妈妈就希望妈妈能抱一抱，正是这阶段的特点。

为宝宝防晒

如何预防宝宝晒伤

1.不要让宝宝在强光下直晒，应在树荫下或阴凉处活动，同样可使身体吸收到紫外线，而且还不会损害皮肤。每次接受阳光照射的时间以1小时左右为宜。

2.外出时要给宝宝戴宽沿、浅色遮阳帽，撑上遮阳伞，穿上透气性良好的长袖薄衫和长裤。

3.选择婴幼儿专用防晒品，在外出前30分钟把防晒品涂抹在暴晒的皮肤部位，每隔2小时左右补擦一次。

4.防晒用品要在干爽的皮肤上使用，如果在湿润或出汗的皮肤上使用，防晒用品很快便会脱落或失效。

5.尽量避免在上午10时至下午3时外出，因为这段时间的紫外线最强，对皮肤的伤害也最大。

晒伤的居家护理方法

1.将医用棉蘸冷水在宝宝晒伤脱皮部位敷10分钟，这样做能安抚皮肤，迅速补充皮肤表皮流失的水分。

2.用冷水冰一下晒伤处，以减轻灼热感，或是将晒伤处浸泡于清水中，起到舒缓的作用。

3.让宝宝处于通风的房间里，或洗一个温水澡，这些方法都能让宝宝感觉舒服。洗澡时，不要使用碱性肥皂，以免刺激患处。

4.如果宝宝出现明显发热、恶心、头晕等全身症状应及时就诊，在医生的指导下，口服缓解此症状的药剂，重症者则需给予补液和其他处理。

身体保养

眼睛

　　主要是用干净的手指或者小的软布擦去眼屎。

　　擦拭的时候可以用清洗干净的手指，也可以使用一次性的棉布或湿巾、纱布等。出现白色或奶油色的眼屎的原因多与脏污或者灰尘有关。如果一整天都没流出眼屎，偶尔地出现一次也不用太在意。如果持续出现许多黄色或黄绿色的眼屎，很可能是细菌感染引起的，需要及时就医。

　　1.固定宝宝的头部

　　为固定头部，可以先支撑起颈部后，再用手摁住额头。

　　2.从眼角到眼梢的顺序擦洗

　　用蘸湿的棉布从眼角到眼梢的顺序擦洗眼屎。

　　3.使用一次性的棉布

　　每次使用过的棉布都要及时扔掉。

　　4.向上拉眼睑，取下脏物

　　妈妈用手指向上牵拉眼睑，取下脏物。

　　5.向下拉眼睑，取下脏物

　　换过棉布之后，妈妈用手指向下牵拉眼睑，取下脏物。

鼻子

　　鼻孔里分布着黏膜，清洗时要特别注意。擦鼻涕时，仅清理流出来的部分即可。通常来说，鼻子外部只要通过平时的清洗即可，一般不需要特别的护理。而鼻子内部由于不是皮肤而是黏膜，所以特别脆弱。健康的黏膜不需要接触，即便要清洗，也只能将从外边看得很清楚的部分清洗干净，而为了安全起见，棉签等尽量不要伸进鼻孔里面，只要把流到外面的鼻涕及时清除掉即可。

　　1.紧紧拿住棉签的根部小心操作。

　　2.看清鼻孔，仅清除流出的鼻涕，棉签伸到鼻孔里是很危险的，一定不要这样做。

耳 朵

洗完澡擦干水珠后，进行耳部的护理。耳朵的内外两侧都要仔细地清洗。

在平时，耳朵主要用水清洗即可。在洗澡的时候，要用起泡的香皂仔细地清洗耳后及耳周围，用浸湿的纱布或者浴巾小心地擦拭。特别要注意用纱布或浴巾仔细地擦洗耳沟或耳孔。正常来说，耳垢会随着身体的移动自行脱落出来，而宝宝的耳垢，即使不去清理，也不会对宝宝的听力造成任何影响。

1.让宝宝侧卧

为了不让宝宝感到紧张，要边跟他说话，边使其侧卧。

2.仔细清洗宝宝耳郭周围

妈妈将打有香皂的纱布或浴巾缠在手指上，仔细地擦洗耳郭及周围。

3.稍稍用力地擦拭

用浴巾或者棉签轻轻用力清除残留在耳部的水珠。这样，残留在褶皱里面的水也能很好地被清除。

脐 部

容易藏污纳垢之处，要仔细清洗。隐藏的脏物，可以用油浸洗。

干燥的脐部同身体其他部位的皮肤一样，不同的是，此处的脏物隐藏得很深，不易清洗。每次在洗澡的时候可以用香皂清洗。如果在洗澡的时候脏物不能清洗干净，下次再洗澡之前，可以先用橄榄油或者宝宝润滑油滴到脐部浸泡片刻再洗澡，这样，脏物就会清洗得一干二净。

未完全干燥的脐部护理

1.准备消毒液

用棉签蘸取消毒液（酒精）。

2.用消毒液消毒

轻轻地将未脱落的脐带拿起，用蘸有消毒液的棉签仔细地擦洗周围。尤其是脐带的根部，要用消毒液擦洗一遍。

完全干燥的脐部护理

1.用香皂清洗脐部

洗澡时可以用妈妈的手指或者浴巾，使用香皂清洗脐部，强度同洗肚子时类似。

2.用浴巾仔细清洗脐部的周围

洗澡之后，将身体及脐部擦拭干净，再用纹理细致的浴巾或纱布吸干脐部的水分。

3.擦净脐孔中的水分

将浴巾或纱布缠绕于手指上，擦除脐孔里残留的水滴。注意用力要轻。

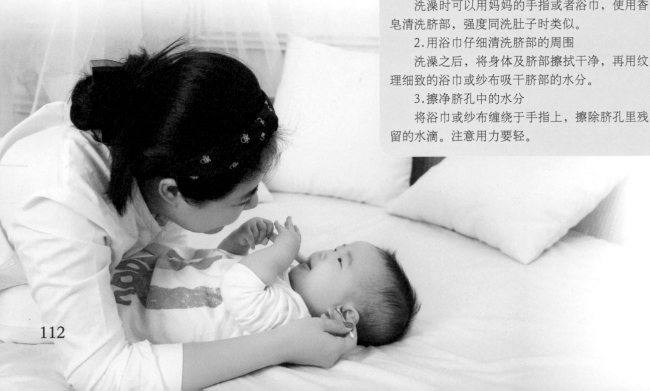

手指甲

手指长出的指甲容易抓伤脸部等，最好是长出来就剪或者至少要一周修剪一次。宝宝在很小的月龄就会开始不断地长出手指甲，而脚趾甲却要在6个月左右才能不断地长出来。在修剪的时候，沿着白色部分1毫米的位置剪出个圆弧，注意不要剪得太短。

睡觉时剪指甲	一个手指剪2~3下	牢牢地固定住手指尖儿
妈妈可以把宝宝放在身体的旁边，也可以抱着。	剪得要一致，不要剪得太深。最好是一个手指剪几下，以确保安全。	妈妈可以用拇指和食指牢牢地夹住宝宝的手指尖儿。

脚趾甲

把宝宝的小脚向上放到妈妈的手中，稳稳固定住，在皮肤和趾甲之间留出一定间隔后再剪。妈妈用手指掌握好皮肤和趾甲之间的间隔后，用剪刀剪下脚趾甲。

剪指甲最好选择白天来剪，晚上灯光不好，容易误伤宝宝。

外出时间表		
新生儿	该阶段不允许外出活动	刚刚出生的宝宝身体还没有硬朗之前，不能适应气温的变化，该时期不适宜到户外活动
1~2个月	每天呼吸30分钟新鲜空气	宝宝满月以后，就可以打开窗户让户外空气进入或者抱到阳台或庭院中，呼吸30分钟的新鲜空气。呼吸新鲜空气时要注意避免阳光直射
3~6个月	散步以宝宝不感到疲劳的强度为宜	由于颈部已经结实，可以带宝宝到户外散步。大约2个小时以内的户外活动是宝宝能承受的
7~11个月	一天两次户外活动	宝宝的体力已经很好，到户外活动的兴趣也高了，每天可以有两次户外活动
12个月	一天两次户外活动	该阶段宝宝的饮食规律及作息规律基本已经养成。每天要主动地去户外活动，最好每天两次。但要注意防紫外线的措施，最好避开阳光直射的时间段出行。但为不打乱宝宝白天睡觉的规律，每天出去的时间最好是固定的、有规律的。如果平常要外出，也可以给宝宝选择正规厂家出品的宝宝防晒乳液，出门前30分钟，在暴露的皮肤上涂抹防晒乳液，并戴好遮阳帽，穿稍厚的、颜色比较深的、全棉的衣裤，轻便宽松透气的汗衫裤比较适合。在户外活动，为了凉快让男孩子穿背心，女孩子穿吊带裙不是个好主意。从户外回到室内后要用温水洗澡；晒红的部位，可薄薄涂抹一些清爽的婴儿护肤乳液。

按自己制订的时间表去户外游玩，有利于养成良好的生活规律。

户外游玩及外出是调节生活情趣的好方式，妈妈和宝宝也都可以因此呼吸到户外的新鲜空气。

外出的注意事项

注意外面的天气情况

　　与宝宝一起出门时要先注意外面的天气情况，宝宝的体温调节能力还不发达，对天气会有比较敏感的反应，最好选择比较暖和的下午外出。如果是夏天，最好避开紫外线照射最强的上午10点到下午2点的时间段。还有，天气过冷或过热，风大或过于干燥的天气都要尽量避免外出。

确定宝宝的身体状况

　　如：有无任何不明的发烧、腹泻、呕吐等现象。一旦行前发现异样，切勿贸然上路，以免延误治疗时间，加重宝宝的病情，或异地无处寻医。即使宝宝行前一切没问题，也难保途中不会出状况，因此，细心的父母应先行打听好当地的医疗设施，再行上路。

1~3岁：可选近地旅游，最好是乘车4小时以内能到。

3~6岁：可以远游了，不过，不宜长时间坐车，旅游地点选择也很重要。

避开上下班高峰期

　　最好不要在上下班高峰期使用公共交通工具。如果乘坐公交车，在堵车的时候很难从车上下来或休息。所以，对于1周岁以前的宝宝，尽量不要乘坐公交车。火车的情况，2周岁以后的宝宝可以尝试一下。对于能走路的宝宝来说，最大的优点是能在车厢里走动。如要乘坐火车，则一定要提前买好座票。

　　1岁以内：不适合远游，因为他们还不会走路，父母抱着他们长途跋涉可不容易。而且宝宝还小，抵抗力也弱，万一得了病也是很伤脑筋的。

回来后要仔细清洗

　　宝宝对外部环境是比较敏感的，所以外出回来后要给宝宝仔细清洗。用温热的水给宝宝洗澡，去除宝宝身上的细菌和灰尘。为了宝宝的脸不被凉风吹得过于干燥，最好给宝宝涂一些润肤油或润肤霜。宝宝一天的活动丰富多彩，不断变化的环境很容易引起疲劳，所以洗澡后给宝宝喝一些果汁和水等饮品补充水分，然后再让宝宝美美地睡上一觉。

交通工具的选择

自驾行车

适合旅程：短程旅游

优点：机动性大，可随时（约一小时）停车休息，让大人与小孩同时获得调适。

缺点：活动空间小，容易疲劳。晕车的孩子也不适合乘坐。

大人下车休息时，切勿将宝宝独自留于车内，以免发生危险。

基于安全考量，应让小孩坐后座，且最好使用婴幼儿汽车专用座椅，系上安全带将宝宝固定好。

车速应控制在平稳的速度上，且避免车身过大的震动。让孩子在频率恒定的车声与晃动中安睡。

宝宝多半好动，切勿让他坐前座，以免干扰驾驶员。

此外，为防宝宝把头、手、脚伸出车外，或玩弄车门把手，最好将车窗、车门都锁上。

刚学会坐或站的宝宝，由于骨骼尚软，易因紧急刹车或车震而跌落椅下受到撞击，因而必须使用安全座椅。

大客车、火车

适合旅程：中、短程旅游

优点：活动空间相对较大，可以让孩子活动手脚。

缺点：此类交通工具乘客混杂、尘土大、通风不好、垃圾处理不及时、热水供应没保证以及噪声污染等。

一定要选择环境相对好的特快列车，贵一点也值。乘车四个小时以上的旅程就需订卧铺。搭乘时，如果要打开车窗透气，也应让宝宝处于背风处，以免正面吹风而受凉。

若经济上许可，也可为宝宝买一个座位，方便途中换尿布，或放置婴儿专用座。

好动的宝宝，可以把他放在父母之间方便照顾，或是大人以手紧抱着，让他跨坐在大人腿上，以防紧急刹车时受到撞击。

飞 机

适合旅程:远程旅游

优点：环境较好，空气质量较好。因为飞机绝大多数是全程禁烟的。通常，航空公司在机上都备有婴儿特别座、尿布或冲泡牛奶的开水，以供乘客不时之需，甚至有些服务周到的空乘人员，还会主动为您冲奶。

缺点:候机时间较长，幼儿容易产生烦躁情绪。搭乘飞机难免会有耳鸣现象产生。

耳鸣时，可以让宝宝吃奶或啼哭，只要让他把嘴巴张开，就可以平衡内外耳的压力。

在订机位时，可预先告知划位员，让他们事先为您做特别的准备。

搭乘当日，行李尽可能托运，如此方可腾出双手以充分照顾宝宝。

宝宝出门所需物品

带一辆婴儿车

轻便儿童车:适合半岁之前的宝宝。

前置式婴儿背包:可放开你的双手。

带有扣带的后置式婴儿背包:最适于刚会走路的宝宝。

尿片类

纸尿片若干、小包装湿纸巾、抽取式卫生纸、小瓶护臀霜、防水软垫。

这种消耗性物品,出门要多准备一些。

备用品

备用空塑料袋若干个、奶瓶、有盖的杯子、小包装奶粉若干袋、奶瓶保温袋。

喂辅食用品

小包装米粉、小饭盒、勺子、有盖的杯子。

衣 物

1件外套、替换衣服2件、裤子多带几件、围兜2件。

医药卫生类

护肤防晒用品:婴儿润肤霜、婴儿防晒霜、太阳镜、遮阳帽。

急救类:创可贴、纱布、折叠剪刀、卫生棉球、温度计、医用胶布。

药品:退烧药、红花油、用于清洁鼻腔的盐水滴鼻液、止痛药、防晕药、抗菌消炎药、防蚊虫药。

玩 具

小绒布玩具、可摇响的玩具、婴儿图书、球。

宝宝平时比较喜欢的玩具一定要带着,在宝宝闹情绪的时候非常有用。

给宝宝做抚触

头　部

　　双手固定宝宝的头，两手拇指由下颏中央分别向外上方滑动，止于耳前。

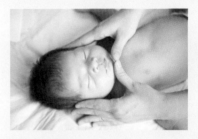  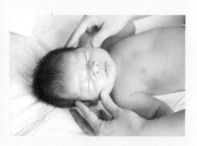

胸　部

　　右手从胸部中线开始弧形抚触向上滑向宝宝左肩，并避开宝宝乳头，再复原，左手以同样方法到对侧进行。可舒缓呼吸循环。

选择适合宝宝的玩具

玩具要适合宝宝的发育特点

月龄	玩具	特点
0~2个月	摇铃、床铃、红色绒线球、印有黑白脸谱、黑白的条纹及同心圆图形的硬纸卡片、彩色气球、小摇铃、能发出悦耳声音的音乐盒、彩色旋转玩具等	应该为新生儿选择能促进视觉、听觉发育的玩具，一些外形优美、色彩对比度强的玩具，能引起宝宝的兴趣和注意
3个月	摇铃、小皮球、金属小圆盒、不倒翁、小方块积木、小勺、吹塑或橡皮动物、绒球或毛线球、拨浪鼓、小闹钟、八音盒、可捏响的塑料玩具	这个月龄的宝宝已经可以抓住眼前的玩具，而且对周围的环境产生了浓厚的兴趣，妈妈可以选择一些能够吸引宝宝注意力的玩具
4个月	彩圈、手镯、脚环、软布球和木块、五颜六色的图画卡片、摇铃、乒乓球、核桃、金属小圆盒、不倒翁、小方块积木、小勺、吹塑或橡皮动物、绒球或毛线球	这个月龄的宝宝正处在感知、触摸、品尝这个世界的时期，喜欢有人逗他玩，还喜欢自己用手去触摸，再放到嘴里咬一咬
5个月	毛绒积木、毛绒公仔，还有不倒翁、浮水玩具、图片可爱的布书	这个月龄的宝宝更加活泼了，手眼的协调能力得到了进一步发展，会摇动和敲打玩具，并能记住不同玩具的不同玩法
6个月	脸谱、镜子、洗澡玩具、塑料书、图片、小动物玩具、毛绒娃娃、床头玩具、积木、海滩玩的球	这个月龄的宝宝能看清东西并能记住它们，听到声音就会转过头去看。这时他的手已经能自由地活动，能够主动抓东西，能用手拍东西。这时妈妈可以借助生活中一些常用的东西来当作玩具和宝宝一起玩
7个月	可拖拉的玩具、玩具电话、小木琴、小鼓、音乐拉绳拉铃、槌鼓、积木	这时的宝宝身体比半岁前更加灵活，对周围事物的兴趣浓厚，笑声也越来越多，对周围世界的认识能力又前进了一步
8个月	能发出声音的玩具、大的洋娃娃和芭比娃娃、填充的动物玩具、可推可拉的玩具，如小型汽车、耐用的塑料杯和塑料碗	这个月龄的宝宝能够随意地运动，眼睛和手的协调性逐步发展。能明确地表示自己的意愿，看见喜欢的东西，会爬过去拿
9个月	充气玩具、小筐、小盒、五颜六色的塑料玩具、镜子、图片、小动物玩具	这个月龄的宝宝各种动作都有目的性，能够独立完成，爬行也很自如。身体移动范围的扩大也使得宝宝探索的范围扩大了

10个月	套叠玩具、洋娃娃、小型汽车、吱吱叫的橡皮玩具及不易撕坏的布书	这个月龄的宝宝正是蹒跚学步的时候，非常好动。他们手的动作也更加灵活了，运动能力增强也使他们能够做出简单的模仿动作
11个月	涂抹的颜料、简单的游戏拼图、简单的建筑模型、旧杂志、篮子、带盖的容器、橡皮泥、活动玩具、假想的劳动工具和厨房用品、各种角色的木偶	这个月龄的宝宝有的能够自如地扶着东西站立，有的能扶着东西走，有的甚至什么也不扶就能独自站立。宝宝的情绪变化也丰富了很多，已经能理解父母说的话
12个月	滑梯、小排球、小足球、羽毛球、积木	开始学站立、走路。有一定的独立意识，好奇心逐渐增强，很多事更愿意自己去做。逐渐懂得周围人与人之间的关系，喜欢模仿大人的动作，能听懂很多话，还喜欢听大人的赞扬
13~16个月	套塔、皮球、画笔和画板、各种形状立体插孔玩具、吹泡泡的玩具	这个阶段宝宝的运动和感觉能力提高，会模仿做操，跟着节拍舞动手脚和身体。基本上宝宝都会走路了，活动能力也大为加强。有的宝宝能说一些简单的词语。虽然此时的宝宝还不会拿笔，但是已经很喜欢画画
17~18个月	能推拉的小车、球类、沙包、套环、套筒、积木、串珠、小动物、交通工具、娃娃、生活用品、图书	宝宝开始能看图片、看电视、玩玩具、念儿歌、听故事等，但是，集中注意力的时间较短。虽然这个年龄对大人的依赖性还很强，但宝宝的自我意识和独立行动倾向正逐渐发展起来
19~20个月	可拆装的玩具、排序玩具、小橡皮球、大蜡笔、玩具铲子、玩具车、小木马	这段时期为宝宝选择的玩具应着重锻炼宝宝动作的灵活性和反应速度，加强对宝宝手眼协调能力和精细动作能力的培养
21~24个月	颜料、简单的游戏拼图、简单的建筑模型、篮子、橡皮泥、厨房用品、木偶、玩具娃娃	这个阶段的宝宝大动作和精细动作的能力发展很快，手眼配合能力、手的操作能力明显提高，走和跑更加自如，喜欢模仿大人的各种动作
25~36个月	拼图玩具、毛绒玩具、玩具餐具、玩具家具、小汽车、卡车、救护车、大皮球、小皮球、儿童自行车、三轮车、套环、电动飞机、小汽车、轨道火车、小桶、小铲、小漏斗、小喷壶	这个阶段的宝宝已经能基本控制自己身体的各个部位了，手、眼、脚的动作协调性、掌握平衡和控制能力也进步很快，手和手指也越来越有劲，这个时期可加强力量的锻炼

选购玩具的注意事项

1.购买玩具首先要查看玩具上标注的推荐年龄，检查玩具的适龄范围。

2.3岁以下宝宝的玩具要避免含有小部件和配件，以防宝宝误食。

3.要检查玩具是否有松动，接缝是否严实，毛绒玩具是否干净。

4.购买力量型或者技巧型的玩具，不能只看自己的宝宝是否在适合的年龄范围内，还要衡量自己家宝宝的发育情况是否适合。

5.购买正规厂家生产的信得过的安全玩具，不要选择假冒伪劣产品。玩具必须有"3C"认证标志，才能上市销售。3C意为"中国强制认证"，证明是符合国家安全标准的。欧洲生产的玩具，注有CE标志，证明符合欧共体玩具安全指导标准。

等宝宝的活动能力越来越强，他玩耍的范围也越来越大，那么他手中玩具的卫生情况就需要特别注意，不要让宝宝把玩具塞到嘴里，否则宝宝容易患上蛔虫病。

清洁玩具的方法

塑胶玩具

先以流动的清水冲洗、擦拭，去除玩具表面附着的污垢；再用消毒液清洗消毒，确保玩具的清洁卫生；然后用流动的清水冲洗、擦拭，去除消毒剂；最后再进行10～20分钟的紫外线杀菌。

毛绒玩具

如果是可以拆开的玩具，就要把里面的填充物拿出来单独清洗，如果是一体的可以把玩具放进洗衣机或在肥皂中浸泡、清洗。

木制玩具

这类玩具不可清洗，但是最好能经常在阳光下暴晒一下。

电子玩具

这类玩具也不可清洗，但是可以用干净的布蘸水擦拭。

给宝宝挑张好凉席

凉席容易带来的疾病

过 敏

　　用绳、苇、草编成的凉席，比较容易使宝宝过敏，尤其是有皮肤过敏史的宝宝。

　　预防方法：最好不要选用这类本身容易成为过敏原的凉席，而选择用竹、藤、亚麻等不太容易过敏的凉席。一旦发生过敏，首先要换掉凉席，脱离过敏原，同时在医生的指导下给宝宝治疗。

皮 炎

　　宝宝受席子里螨虫叮咬导致的皮肤炎症，常常可以看见针头大小的瘀点。

　　在每年首次使用凉席前，对凉席进行高温消毒(开水烫洗)，再放到阳光下暴晒，这样才能将肉眼不易看见的螨虫及其虫卵杀死。在使用过程中，要做到"一天一擦洗，一周一晾晒"。一旦发生"凉席皮炎"，不可随意搔抓，应带宝宝去医院就诊。

拉肚子

　　小儿抵抗力较差，用凉席不当易引起感冒、腹痛或腹泻。

　　小孩子最好不要使用过凉的麻将席，如果使用，那就不要开空调。在天气稍凉时，及时撤掉凉席，或在宝宝睡觉时盖上小被子，再穿上薄长裤，以免受凉拉肚子。

扎 刺

　　宝宝在玩耍蹬腿时，凉席可能损伤宝宝的皮肤，俗称"扎刺"。

　　预防方法：挑选质地好、正面光滑无刺的凉席；凉席需经常擦洗。发现宝宝皮肤被凉席擦伤划伤，首先要检查伤口处是否有毛刺留在皮肤里，如果有，要先挑掉毛刺，再用酒精棉球进行消毒，以防皮肤感染。

各类凉席的挑选方法

丝竹席

　　选择竹节长、竹节平、纤维细、质地柔软坚韧的"头青席"，"头青"即头道篾，最为凉爽柔韧。在选择尺寸上也要注意与家中床的大小一致，宁可稍短窄些，也不要过宽过长，以防折断。

草 席

　　查看席面是否光滑，色泽是否一致，编织是否紧密时可以把席子打开，对着光线看，质量好的草席色泽均匀一致，无断草和穿错草，不透光，宽窄一致，边沿整齐无松边。如果夹有黑色、霉变或枯萎黄草，则说明质量差。

亚麻席

　　纯麻席用力握有明显褶皱，手感比较凉爽，席面有天然的竹节状和云状的斑纹。好的亚麻席纹路清晰，表面光洁，抗撕扯强。洗涤后不会变硬。

安全使用塑胶地垫

塑胶地垫含有哪些有害物质

甲　苯

室内装潢时，常使用黏着剂或作为泡棉发泡溶剂的甲苯等成分属于神经毒。

乙　醛

乙醛主要的影响是伤肝，如果吸入会产生脸部潮红、血管扩张等类似酒醉的情形。

乙　苯

乙苯具有中枢神经毒，吸入这些物质会刺激脑部，导致头痛、恶心、喉咙痛及流眼泪或流鼻涕等症状。

甲　醛

即低浓度的福尔马林，为致癌物质，而且会增加罹患呼吸道癌的概率。

二甲苯

主要是对肝肾功能产生影响，而产生尿蛋白、肾脏电解质不平衡。

如何正确使用塑胶地垫

父母在买回塑胶地垫拆封之后，最好先放在户外通风处七天以上，避免孩子吸入苯等有毒化学物质。如果把塑胶地垫放在通风处二十八天以上，甲苯等化学物质即可全部挥发掉。

生活中还有哪些地方会有类似的有害物质：装潢的房子、新车内的塑胶地垫、新添购家具、宝宝贴身内衣、干洗剂。

如何给宝宝挑选护肤品

宝宝皮肤特性

皮 脂

出生后不久的宝宝，总皮脂含量与成人的相当接近，出生后一个月，总的皮脂量开始逐渐减少。幼儿时期，由于激素受控，皮脂分泌量少，所以婴幼儿皮肤较为干燥。但到了青春期，性激素开始活跃，分泌皮脂的能力提高，皮肤干燥情况就获得了改善。

pH

皮肤pH一般在4.2~5.5。新生儿出生两周内是接近中性的，胎盘的pH为7.4。由此可知，生儿的皮肤不能有效地抑制细菌繁殖，即抗感染能力较低。

出 汗

新生儿与成人的汗腺数是一样的，但在每单位面积上的汗腺数是不同的。汗腺虽然在新生儿皮肤上生长，但此时它分泌汗的能力是很低的，要到2周岁后功能才会健全。

含水量

皮肤无保留水分的作用，它的最外层的角质层能保护皮肤不受外界物理和化学因素的影响。从皮肤护理的观点出发，角质层含水量变化是个很重要的因素。

不必过分担心宝宝大量出汗的问题，但还是要注意养护。

宝宝护肤品的特点	
稀	宝宝的护肤品要比成人的护肤品稀一点
泡沫少	宝宝的护肤品虽然稀稀的，但是有一定的黏度，泡沫不是很多。泡沫越多越不好，因为泡沫全部是有刺激的
洗后滑	洗了之后，感觉还是滑滑的，好像没有洗，实际是已经起到作用了。宝宝大量排水没有太大的污垢

护肤品挑选方法

1.选用宝宝不容易开或弄破包装的护肤品，以防摄入或吸入。

2.由于宝宝护肤品每次用量较少，一件产品往往要用相当长的时间才能用完，因此产品稳定性要好，购买时除注意保质期外，还应尽量购买小包装产品。

3.避免购买和使用有着色剂、珠光剂的产品。同时，宝宝护肤品应尽量少加或不加香精，因配制香精用的有些原料往往对皮肤有刺激。

很多妈妈喜欢代购国外品牌的护肤品。但是代购的进货途径不好把握，一定要注意观察是否是真品。

给宝宝挑选用品的注意事项

婴儿用品要耐用和功能要全

买一个可以拆卸的婴儿床，如可以在去掉围兜之后变成幼儿车的婴儿推车，这些商品很不错，类似的东西可以适当地买几件。

用品清单

婴儿用品包括日常用品、洗护用品和哺喂用品：

日常用品	
1	婴儿指甲刀：剪指（趾）甲
2	棉签、棉球：清洁耳垢、肚脐等
3	电子体温计：显示温度快，安全准确
4	婴儿梳刷组：按摩头部
5	退热贴、鼻喉通爽贴：为宝宝的突然发热做准备
6	吸鼻器、小镊子：清除婴儿鼻涕、鼻垢
7	奶粉盒：用于外出携带奶粉
8	软勺：喂宝宝流质食物

洗护用品	
1	婴儿洗发液
2	婴儿沐浴露
3	润肤产品：主要有润肤油、润肤乳液、润肤霜三种
4	婴儿爽身粉
5	婴儿护臀霜：防尿疹、湿疹
6	护肤湿巾：柔湿巾适合擦拭婴儿身体的各个部位，手口巾含酒精适合擦手
7	水温计：显示沐浴适宜温度
8	浴网：扣在澡盆上，方便、安全地洗澡
9	大浴巾：洗澡后擦拭宝宝身体

哺喂用品	
1	奶瓶：准口径、宽口径；材质分为玻璃、PC塑料、PA；容量分为120毫升、200毫升、300毫升等，应配2～6个备用
2	奶嘴：分为硅胶、乳胶；在第一次购物时至少应配全2个阶段
3	奶瓶刷：材质分为尼龙刷、海绵刷；尼龙刷适合清洗玻璃材质的奶瓶；海绵刷适合清洗PC塑料材质的奶瓶
4	奶瓶夹：用于消毒后拿取奶瓶等用品
5	奶瓶清洗液：植物原料，清洗得安全彻底
6	奶瓶消毒锅：用于消毒奶瓶、奶嘴

如何为宝宝清洗、收纳衣物

衣物的选择

1～2个月的宝宝，其衣服要选择全棉的或者丝绸的，颜色宜以浅色为主，材质要选容易洗涤的棉质衣料。穿连裤衫比较方便，穿上衣和裤子分开的衣服也可以，就是要小心有时候上衣会缩上去，露出肚子会着凉，抱的时候也要小心。衣服还是以开襟系带的为主，不要穿套头的衣服，只有过了3个月以后才可以穿套头的衣服，并且衣服的领子要开得大一点。平常出门时，可戴一顶帽子，最好是棉制且透气性好的帽子，但在家不要戴帽子。

衣物的清洗

洗涤婴幼儿衣物时，不可与成人的衣服同洗，因为这样做会将成人衣物上的细菌传到宝宝衣服上，稍不注意就会引发宝宝的皮肤问题，或感染其他疾病。婴幼儿衣物在洗涤时一定要用婴幼儿衣物专用洗涤剂，不能用增白剂、消毒剂等来清洗宝宝的衣物。洗完衣物后，要放在阳光下曝晒，这样可有效地杀菌消毒，防止细菌残留。

衣物的收纳

1	衣物洗干净后一定要晾晒干透后再收纳
2	宝宝的内衣、外衣应分区放好
3	用干净、透气的专用收纳箱收纳
4	宝宝的衣服哪怕只穿了一次，也要洗涤晾晒后，才能放回衣橱
5	穿过的衣服和干净的衣服不要混在一起
6	选择质量好的木质衣柜，避免宝宝的衣服吸附甲醛，导致过敏

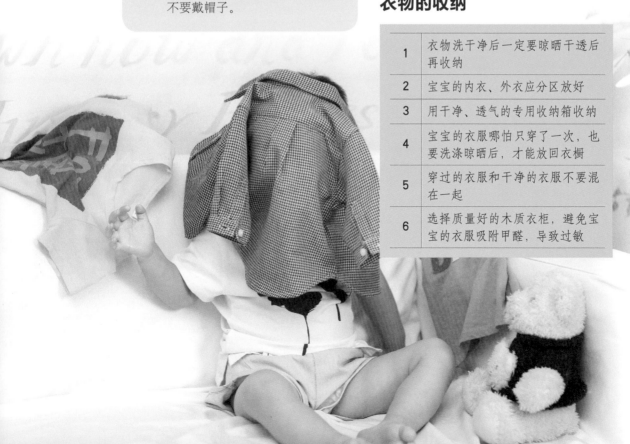

宝宝哪种睡姿好

仰 卧

　　仰卧是宝宝和成人经常采取的一种睡姿。仰卧便于全身肌肉放松，同时对肺脏、心脏、胃肠和膀胱等重要器官压迫最小，使这些器官能在负担较小的情况下进行正常工作。但是仰卧可能使已经放松的舌根后坠，阻塞呼吸道，成人则发出阵阵鼾声，直至憋醒，小宝宝则会出现呼吸费力。仰卧情况下溢奶有一定危险，有发生乳液呛入气管而产生窒息的可能。

始终保持仰卧的睡眠姿势对于新生儿和小宝宝是不适宜的。

侧 卧

　　侧卧位睡眠既对重要器官无过分压迫，又利于肌肉放松，同时万一婴幼儿溢乳也不至呛入气管，是一种应该提倡的宝宝睡眠姿势。但新生儿、婴幼儿的睡眠和静卧姿势，必须经常变换，否则会发生一些不应有的后果。

俯 卧

　　俯卧位睡眠，对心、肺、胃肠均构成一定的压迫，而且口腔内分泌物不易下咽，造成口水外流。由于新生儿和小宝宝不会转动头及翻身，枕头及被褥极易阻塞口鼻，有发生窒息的可能，因此，俯卧位睡眠在宝宝时期常遭到大家的反对。

　　一定要在有人观察照顾下实行，否则有发生窒息而死的可能。

给宝宝清理鼻腔的方法

纸捻比棉棒更合适

这么小的宝宝最好不要用棉棒，因为棉棒比较硬，宝宝受刺激猛然转头时会被棉棒弄疼。最好自制纸捻，并预备点温水。纸捻做法：用适量卫生纸捻成条状，要刚好能保持条状又不太硬。

清理鼻腔要小心

1	应在明亮的光线下，看清楚宝宝鼻腔内鼻屎的大致位置和堵塞的状况
2	在宝宝情绪稳定时（若是他不让你碰他的小鼻子，只能等他睡着以后了），怀抱宝宝，用纸捻蘸温水，在宝宝鼻孔入口处轻微转转
3	让水充分滋润鼻腔，最好让水滴沿鼻腔壁往内流进一点，切记水不可多，纸捻不要伸往鼻孔深处，以免水滴直接流入鼻腔引起呛咳
4	这时，鼻屎已沾水，只要用手轻揉宝宝的鼻翼，就能让水均匀滋润，鼻屎就能湿润脱落
5	如果宝宝这时打喷嚏了最好，一般软鼻屎很容易打出
6	如果不打喷嚏，过一会儿用新的纸捻在鼻腔内转一下，就很容易把鼻屎粘出来了

给宝宝清理鼻子的最好时刻

每天早上洗脸的时候	可用蘸有生理盐水的棉条清洗鼻子
洗澡的时候	因为潮湿和面部湿润，有利于鼻子黏液的自然流出
饭前	呼吸通畅能让宝宝更好地吃饭，而且可以避免宝宝因为黏液流到嗓子里引起反胃呕吐
睡觉之前	鼻子通畅了，宝宝才更容易入睡。但要吃过睡前餐之后至少30分钟后再清洗，以免出现胃反流

鼻子不通气，会影响宝宝的睡眠质量。

实用的宝宝吸鼻器

将吸鼻器的圆头放在宝宝的鼻孔处，轻轻捏动吸鼻器，将黏液吸出来。对2个月以下的宝宝要特别小心，因为宝宝鼻腔壁非常脆弱，放入和拿出时动作要非常轻柔。

吸鼻器的选择

购买吸鼻器的时候，要注意吸鼻器的材质，不要买材质比较硬的，会伤害宝宝的鼻黏膜。吸鼻器的吸头应该与鼻子下方的接触面贴合。

用生理盐水清洗

如果宝宝鼻涕比较多，可以用生理盐水一天多次地清洗宝宝的鼻子。让宝宝躺下，站在他的一侧，让宝宝的头斜对着你。左手抓住宝宝的胳膊，右手用小吸管或小棉签吸满生理盐水，滴入鼻孔里面几滴。然后用同样的方法处理另一只鼻孔。不要将吸管里剩余的盐水再挤入瓶里，否则会把细菌带进溶液里。

药店里有卖这种处理鼻涕的用具，妈妈可以向药店里的服务员请教使用方法。

每天用小棉条清洗鼻子

宝宝出生后，可以每天用蘸有生理盐水的棉条给宝宝清洗鼻子。把棉条放入一个鼻孔，轻轻地转几下，然后拉出来。即使什么东西都没有带出来，这种方法也会引起宝宝打喷嚏，可为他擤出鼻涕。棉条不要太细，生理盐水也不能过多，否则不利于清洗出小的鼻屎。

小小围嘴帮大忙

流口水的卫生护理

　　一般宝宝都会流口水。原因是由于唾液腺的发育和功能逐步完善，口水的分泌量逐渐增多，然而此时宝宝还不会将唾液咽到肚子里去，也不会像大人或大小孩一样，必要时将口水吐掉，所以，从3～4个月开始，宝宝就会出现流口水的现象。小宝宝的皮肤虽然含水分比较多，但比较容易受外界影响，如果一直有口水沾在下巴、脸部又没有擦干的话，容易出湿疹。建议家长尽量一看到宝宝流口水就擦掉，但是不要用卫生纸一直搓，只需要轻轻按干就行了，以免破皮。

　　围嘴要选择材质比较柔软的，宝宝戴在脖子上面才会舒服。

围嘴的大作用

　　宝宝的口水流个不停，又喜欢啃咬东西，妈妈忙着擦还是不能避免沾染到衣领上，这时小小围嘴就能帮上大忙了。小围嘴不仅能够避免口水直接沾染衣服，还能在接下来宝宝添加辅食期间发挥更大的保护作用，让宝宝更卫生、更漂亮。

选款式挑面料

　　市场上有不少种类的围嘴，有背心式的，也有罩衫式的，有的领部后面是系带的，可以调节松紧，更适合长期使用。买围嘴时妈妈要好好选择，给宝宝买一个穿戴方便又大小合适的。而且，围嘴不要太重，四周也不需要装饰过多花边什么的，大方实用就可以了。

　　纯棉的表面更能吸水，而且柔软透气，如果底层能有不透明的塑料贴面就更好了。戴上围嘴，宝宝喝水、吃饭时再多的口水也不会沾到衣服上了。妈妈要注意，不要给宝宝用橡胶、塑料或者油布做成的围嘴，又不舒服，又易引起宝宝过敏。

使用要点

1	围嘴不要系得过紧，尤其是领后系带式的围嘴，在宝宝独自玩耍时最好摘下来，以免宝宝拉扯造成窒息
2	围嘴的作用主要是防脏，不要拿它当手帕使。擦口水、眼泪、饭菜残渣时要用纸巾或手帕
3	围嘴应该经常换洗，保持整洁和干燥，这样宝宝才会舒适

两种流口水的区别

生理性流口水

三四个月的婴儿唾液腺发育逐渐成熟，唾液分泌量增加，但此时宝宝的吞咽功能尚不健全，口腔较浅，闭唇与吞咽动作尚不协调，所以会常流口水。宝宝六七个月时，正在萌出的牙齿刺激到口腔内神经，加上唾液腺已发育成熟，唾液大量分泌，流口水的现象更为明显。

病理性流口水

当宝宝患某些口腔疾病如口腔炎、舌头溃疡和咽炎时，口腔及咽部十分疼痛，甚至连咽口水也难以忍受，唾液不能正常下咽而不断外流。这时，流出的口水常为黄色或粉红色，有臭味。家长发现这种情况后，应带宝宝去医院检查和治疗。唾液呈酸性，对皮肤有刺激作用。口水外流，经常浸渍颊部、下颌乃至颈部皮肤，会使皮肤局部发红、肿胀甚至糜烂、脱皮。

因此，无论是生理性还是病理性流口水，家长都应及时用柔软的手巾轻而快地擦去流下的口水，湿衣服也应及时更换，并常用温水清洗宝宝的下颌及颈部，局部涂上润肤液，以保护皮肤。

宝宝应该选择什么样的鞋

光脚好处多多

1	在宝宝尚未走路前，是没有必要给宝宝穿鞋的，虽然有时他的小脚丫摸起来凉凉的，但是光着脚对他没什么影响
2	即使当他能站立和行走后，光着脚对他也有很多好处。宝宝的脚底生来是平的，如果在站立和行走时有力地使用双脚，会逐渐使脚底略拱起来——以利于他在粗糙的表面行走，还能促进脚部和腿部肌肉的使用。如果总是把脚裹在鞋子里，特别是鞋底过硬的鞋子，那就会使宝宝的脚底肌肉松弛，变成我们常说的平足
3	如果以后能让宝宝继续光着脚在室内走动，或者在室外，比如在温和的海滨、沙滩或其他安全的地方光着脚走路，对他是十分有益的，脚底得到丰富的刺激，会促进全身的健康发育

如何为宝宝选鞋

1	鞋的质量要柔和舒适，这是第一重要的。最好选鞋帮和鞋底均较轻的布鞋，鞋面应柔软、透气
2	鞋底要软硬合适。底面应有花纹可增加摩擦力，防止太光滑的鞋底造成宝宝摔伤，鞋底前1/3可弯曲，后2/3则固定不动，这样的鞋子便于宝宝自由活动
3	鞋的大小要稍大一指。在购买时，可以让宝宝脚的大拇指顶到鞋子的最前端，脚后跟和鞋子的距离以能放入大人的食指为宜。这样小宝宝每次走路时，才有足够的空间
4	若是扁平足，则考虑能够放置矫治鞋垫

半软底的鞋更合适

如果室内温度低或是地板特别凉，就有必要给宝宝穿上一双鞋子，在这个时候，鞋子主要具有保暖、保护和装饰的作用。

鞋子要略大一些，大得不使脚趾感到挤压，但也不能大得几乎一抬脚就掉下来，这一点非常重要。如果穿袜子，袜子也要略大一点。

宝宝的脚长得非常快，因此妈妈应该每隔几周就要摸摸宝宝的鞋子，看看到底还能不能穿——在宝宝站起来的时候，脚趾前应该有半个拇指宽的空隙。

注意让宝宝穿防滑鞋，方便宝宝练习站立和行走。

让宝宝乖乖吃药的好办法

喂药的准备

宝宝的吞咽能力还不强，只能咽下流质药物，所以喂药水时首先要摇匀；如果是粉剂、片剂，要用温水把药化开调匀后再喂。

给宝宝喂药时身体周围要收拾妥当，以避免宝宝挣扎时被周围的东西撞伤。

喂药方法

抱起宝宝，上半身竖起，防止药物呛入气管。妈妈可以用轻松的语气对宝宝说"哎呀，真好吃""吃了药，病就好了"，宝宝慢慢就会消除恐惧，吃药就痛快了。也可以先给宝宝喂一勺他爱喝的糖水或橘味水，再喂一勺药就容易了。

如果宝宝一直又哭又闹，只好采取灌药的方法。灌药时要一人用手将宝宝的头固定，另一人左手轻轻捏住宝宝的下巴，右手拿一小勺盛起药水沿着宝宝的嘴角灌入，等宝宝完全咽下后，固定的手才能放开。注意不要从嘴中间沿着舌头往里灌，因为舌尖是味觉最敏感的地方，宝宝会感到更苦。

其他注意要点

1	宝宝的用药量与年龄及身体重量有关，也与其生理特点及病情的轻重有关，因此最好由医生确定
2	喂药前先看包装说明，先确定是否是所服药物，剂量多少，饭前吃还是饭后吃，每日几次，两次用药时间间隔多长，核对时间是否正确
3	查看药品的质量，如果是片剂，发霉和变色的不能用，如果是水剂，混浊和变色的不能服用。另外，那些放置时间过久已过期失效的药也不能服用
4	最好使用原装的滴管服药，以确保药量的准确
5	酸性环境利于铁剂的吸收，所以服铁剂时常与维生素C同服，而牛奶中含有大量的磷酸盐，它可以使铁剂发生沉淀，妨碍铁的吸收，所以含铁剂不要用牛奶冲服
6	注意观察宝宝服药后的情况，如皮肤是否有红疹，病情有无缓解或是否出现其他不适症状。一旦出现这些情况要立即与医生联系

学步车的危害

避免学步车带来的危害

在宝宝8~9个月时，大多数已开始蹒跚学步了。这时很多父母会给宝宝买学步车来帮宝宝学走路，这样宝宝在学步车里走动，甚至可以不求助别人，走进自己感兴趣的陌生之地看个究竟，获得许多经验。但是学步车在为宝宝学走路提供了便利的同时，也会给宝宝带来一些安全问题。比如学步车碰到一些障碍物会翻车，会摔伤或磕伤宝宝等等。所以宝宝在使用学步车时，大人要加强保护。

学步车将婴儿固定在其内，使婴儿失去了运动锻炼的机会。因为学步是需要力气的，而在学步车里的孩子需要活动时，可以借助车轮毫不费力地滑行，缺乏真正的自主锻炼。由于学步车会给宝宝带来危险，所以如果让宝宝用学步车，家长一定要紧跟在宝宝身边。

安全防范措施

学步车的各部位要坚牢，以防在碰撞过程中发生车体损坏、车轮脱落等事故，学步车的高度要适中，车轮不要过滑。为防止翻倒，学步车至少应该有6个轮子。为获得最大的稳定性，轮子所在的底部应该比步行器的高度高。要经常检查学步车的每一个车轮，确保它们能360°地旋转。

宝宝双手能触摸到的地方必须保持干净，防止"病从口入"。要为宝宝创造一个练习走路的空间，这一空间地面不要过滑，不要有坡度，不能有带棱的东西，不能有凹形凸形的家具，不能有宝宝随手够得到的小物品（以防宝宝将异物放入嘴里），更不能有门槛或其他阻碍物等。宝宝不应该去的地方应有一障碍物阻挡。不要把学步车当成宝宝的"临时保姆"，在宝宝学步期间家长切不可掉以轻心，要随时保护。

宝宝学步的时间不宜过长，因为宝宝骨骼中含钙少，胶质多，故骨骼较软，承受力弱，易变形。宝宝在学步车中不能穿得太多，以免过于拥挤。宝宝排尿后再练习，可撤掉尿布，减轻下身的负担。佝偻病患儿、过胖儿、低体重儿不要急于学步，如果需要用学步车，时间宜适当缩短。

第 五 章

必知的急救
基本知识

如何进行人工呼吸

应对方法	
如果宝宝不到1岁	盖住宝宝的嘴和鼻子，注意吹气的频率，按照3秒1次，持续1分钟
	20次的频率口对口吹气
如果宝宝1岁以上	捏着宝宝的鼻子，口对口以4秒1次，1分钟15次的频率吹气
	每次吹气的时候都要注意宝宝的胸部是否有膨胀，一直持续到宝宝能独立自然呼吸为止

先确定宝宝是否还有呼吸：将脸靠近宝宝的嘴边，确认宝宝是否还有呼吸。

注意心跳

身体有轻微动作，突然咳嗽，有要自己呼吸的举动，对于1岁以上的宝宝还可以用食指和中指共同按在宝宝的脉搏上，对于1岁以下的宝宝可以放在他的静脉上感觉。

如何使用心脏起搏术

对于1岁以上的宝宝

用力按住他的胸骨下端往上两个手指宽度的地方，也就是他胸部下凹3厘米处。频率控制在1分钟100次左右，同时左手捏住宝宝的鼻子以1次人工呼吸，5次心脏起搏术的频率同时交替进行，直到宝宝恢复知觉，心脏开始跳动为止。

对于1岁以下的宝宝

找准他左右乳头的中间点，这个点往下一个手指的宽度从正上方向下按。因为宝宝的新陈代谢比成人要快，所以脉搏跳动也比成人快，所以要以1分钟100次的频率进行抢救。压的深度为从正上方向下压2厘米。

急救必备品的检查和保管

医疗用品

温度计、创可贴、绷带、纱布、棉球、冰块、剪刀、小镊子。

常用药列表

消毒水、过氧化氢、红药水、紫药水、蚊虫喷剂。

家长自备急救电话表	
医院名称	医院电话

家里准备一些医疗用品和联系方式，以备不时之需。

擦　伤

紧急救护措施

冲洗伤口

可以用自来水或者生理盐水清洗伤口上的泥沙。请注意，千万不能用力揉搓。

如果出血，请先止血

止血时要用干净的纱布多叠几层，用力压住出血的伤口来止血（不要过于用力）。

宝宝受伤后会哭闹，他们不懂得表达，这个时候家长一定要镇静。

对伤口消毒

可以用消毒液或者是过氧化氢直接消毒伤口。在消毒伤口时会有沙子等脏东西随着泡沫一起浮出伤口，这个过程中可能会有些疼痛，要安慰宝宝的情绪，同时用纱布擦干净伤口，防止伤口感染。

涂预防化脓的药物

在伤口上为宝宝涂上防止化脓的药物，把纱布多叠几层敷在伤口上保护伤口，再缠上绷带固定纱布。如果是一般的小伤口，只要贴上创可贴就可以了。

当伤口比较浅时

先用清水或者过氧化氢消毒，然后用纱布多叠几层，敷在伤口上帮助宝宝止血。消毒之后，贴上创可贴就可以了。

当伤口比较深时

用重叠几层的消毒纱布敷住整个伤口，并用力压住伤口（但是千万不能过于用力），同时将宝宝的伤口抬到比心脏更高的位置，这样可以把血止住。如果这些方法仍然不能把血止住的话，要立刻叫救护车或者带宝宝去医院。

家长要将剪刀、刀片等一些锋利危险物品放在宝宝够不到的地方，及时检查家里的设施（门、窗、柱子）是否有木头断裂、起皮的地方。

应对刺伤的方法

如果扎刺，首先要拔刺。如果刺是露在外面的话，可以借助用具拔出来。如果刺是陷入肉中的，要用消毒过的针挑出来。做以上处理时，一定要给宝宝一边拨弄伤口一边消毒。如果使用针挑出刺，要先压住伤口的周围，将血及脏东西挤出后接着消毒。伤口处理后，用创可贴贴上伤口就可以了。

需送医院处理的情况

脸上有严重擦伤

脸上的皮肤比较细嫩，而且宝宝发生擦伤时常常会头部先着地，这时眼睛周围或脸上的伤口可能会留下瘢痕，为了保险起见，简单处理后应该带宝宝去小儿外科、眼科就诊。

伤口会引起化脓

如果伤口一直潮湿不干，特别当宝宝是在水沟或者不干净的地方擦伤，细菌会侵入皮肤，所以要特别提防伤口的化脓，要带他去外科就诊。

如果发生跌伤

擦伤的同时经常伴随着跌伤，宝宝幼小的身体被强烈撞击后，可以采取冰敷的办法消肿，如果宝宝感觉疼痛难忍的话，就要带他去看外科或骨科。

宝宝一直疼

有时候的情况是，当伤口好了宝宝却还是疼痛难忍的话，很可能是伤口中留有玻璃或者是石头等。因此，千万不能大意，要到医院外科就诊。

伤口有异物无法取出时

当家长处理伤口时，伤口中如果留有泥沙、玻璃碎片等小东西，如果用水或者是生理盐水冲洗还拿不出来的话，千万不要硬性拿出或者使劲揉搓伤口，这样反而会十分危险，这时要迅速带宝宝去医院外科就诊。

预防常识

时常叮嘱小朋友，将预防意识灌输给宝宝。比如选择适合小宝宝玩的玩具，叮嘱他玩完玩具要收拾好。特别是在户外活动时，要时时提醒他注意安全，不要因逞能而伤害自己，还要时常检查宝宝的游戏用具是不是有损伤或者是否有障碍物影响宝宝玩耍。这要求家长们从宝宝的角度去观察，在游戏过程中不要突然发出什么指令而吓到宝宝。

如果宝宝还是很疼，家长一定不要大意，要去医院找医生处理。

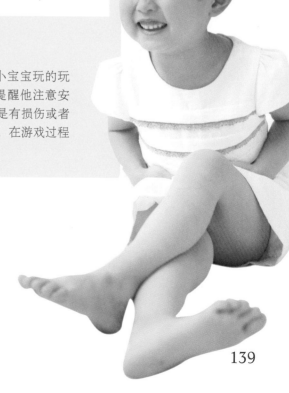

头部撞伤

撞伤的紧急处理

把宝宝抱到安静的地方，让他平躺

如果宝宝的意识清醒，在受伤后立刻哭出来的话，就没有大问题。家长需要做的是首先稳定宝宝的情绪，以防他伤后受到惊吓，把他抱到安静的地方，让他平躺下来，用枕头把他的头部垫高。

伤口出血

当宝宝伤口出血过多，要稳定住宝宝的情绪，也要保持自己情绪的镇定，冷静地确认伤口，找些厚纱布或者是干净的毛巾用力压住伤口（但是不要过于用力）。如果宝宝一直流血，要立即叫救护车！

检查有无穿刺伤

先查看伤口是否为穿刺伤，假如流血了，就应该立刻就医。

冰敷肿块

如果伤后宝宝的身体出现红肿的话，先用湿毛巾冰敷伤处，但是如果肿块越来越大，而且肿得很明显的话，就要立即送往医院就诊。

当宝宝感觉想吐时

让宝宝平静下来后，观察他是不是有想吐的感觉，如果呕吐比较厉害，要立即带宝宝去医院。

触摸前、后囟门

孩子头骨的前、后囟门，是头骨最晚闭合的部位，在正常的状况下触摸这个部位，感觉上应该是柔软的。但若是大脑有脑肿或出血的情况时，虽然头骨会因为可略撑开而不会急速恶化，但此时触摸其前、后囟门部位，会感觉硬硬的甚至有些外凸。所以在宝宝撞伤后可以触摸其前、后囟门，感觉柔软则表示无碍，感觉硬硬的或是有些外凸就得尽快就医诊治。

立即叫救护车的情况

头部凹陷

当宝宝被撞到头部出现凹陷时，要立刻叫救护车！

对于1岁以下的宝宝

当宝宝头部的伤口止不住血时，要立刻叫救护车！

叫宝宝名字却没有反应

等待的过程中，为了防止失血过多，可以用厚厚的纱布用力压住宝宝的头部。如果宝宝昏过去了，可以试着在他的耳边叫他的名字，轻轻拍打他的肩膀，如果他没有任何反应，要把他的脸侧转，防止呕吐食物堵住气管。

呕吐不止

当宝宝撞到头部后出现反复呕吐的情况时，要立即叫救护车。在等待救护车的过程中，可以将宝宝的脸侧转，这样可以防止呕吐出来的东西堵住气管。

痉 挛

当宝宝出现痉挛的情况时，立即叫救护车！

失去意识

马上叫救护车并确认是否有呼吸机，失去意识时需要马上进行人工呼吸。有呼吸时在脖子下枕上枕头，将下颌抬高，以免呕吐物进入气管。

紧急处理后观察三日

活动力变化

观察宝宝的活动力是否比平常差，是否会手脚无力。假如答案是"是"，就必须要小心了。

有无昏睡

观察宝宝有无昏睡的状况，假如宝宝变得嗜睡，且虽然叫得醒，却在叫醒后又很快地继续昏睡，可能就是有问题，还是去医院检查一下吧。

有无呕吐

观察宝宝是否呕吐。假如宝宝在头部碰撞后连续呕吐了3次，且时间越来越密集时，须立即到医院就诊。

瞳孔对光的反应

你还可以观察宝宝的瞳孔状况，方法是用手电筒照射宝宝的双眼，检查瞳孔的光反射是否正常。正常的状况下瞳孔会在亮处缩小，在暗处放大，且左右两边的大小一致，假如瞳孔一边大一边小，则必须赶快送医才行。

食欲好坏

观察宝宝的食欲状况。撞击之后食欲降低并不是好现象，得要小心观察才行。

烫 伤

紧急救护措施

用自来水冲洗伤处

宝宝一旦被烫伤后，一定不能直接触摸伤口，可以先不脱去他的衣服，赶紧用水冲洗伤口处。如果宝宝只是身体的小部分被烫伤，要先给宝宝多穿些衣服，再往烫伤处浇水。

给伤口降温

可以给宝宝的伤口敷上凉毛巾，也可以用淋浴头冲洗伤口。如果天气不冷的话，也可以在浴缸内放满水，直接浸泡全身。

脱去衣物

当给宝宝用冷水冲到一定程度时，可以脱掉伤处的衣物或者是袜子。如果衣服粘住了伤口，可以把伤口周围的衣服剪掉，保留伤口处的衣物。

伤口处理包扎

包扎时先用消毒的纱布覆盖住伤口，这时一定要注意，千万不能刺激到患部，然后用绷带帮宝宝包扎。包扎的过程中，纱布一定不能过于紧绷。做完以上简单处理后，一定要带着宝宝去医院，特别严重时一定要立刻叫救护车。

需送医院处理的情况

大面积烫伤

如掉进装有热水的浴缸中等引起的大面积的烫伤虽然属于轻微的烫伤，但是也很危险，要立刻用湿浴巾包裹全身后马上去医院。

深度烫伤

皮肤颜色变白或烫得发黄时说明烫得很严重了。即使烫伤的部位只有成人的手掌那么大也很危险，需要降温后马上去医院。

脸部烫伤

影响到脸部肌肉，张嘴或睁眼会比较困难，表情也会很僵硬。头部或手脚的关节、阴部、肛门等也是容易出现后遗症的部位。采取应急措施后要马上去医院。

低温烫伤

即使温度不高，但如果长时间接触可能会出现低温烫伤。即使外表看起来好像只是稍微红一点，但也有可能已经伤到了皮肤深处。如果觉得宝宝的状态有异常就需要去医院。

错误做法

一些民间的做法会对宝宝造成伤害，比如说，用芦荟、软膏、牙膏、酱油、大酱等涂在患部上，以减轻疼痛，这是绝对不可取的。因为这样很可能引起细菌感染，使宝宝的症状进一步恶化，而延缓复原的时间。

预防常识

饮水机要摆放在合适的位置，时常叮嘱小朋友们在接饮用水的时候一定要小心，不要被热水烫伤。宝宝们在吃饭的时候要及时提醒他们不要嬉闹，吃饭时给宝宝安排固定的座位，有些热的东西不要急于进食，比如粥、汤等。宝宝的皮肤很稚嫩，非常容易受到细菌的感染，即使是我们触摸时觉得是正常的温度，也会不小心给宝宝造成烫伤，所以家长一定要特别地注意。

因为冷水可以防止细胞因为太热而遭到破坏，而且能使血管收缩、缓解疼痛。所以，烫伤后可以用冷水冲洗。可是一旦宝宝觉得冷的话，就要停止给他冲水。

手指受伤

指甲脱落

　　1/4～1/3的指甲脱落的时候还不用太担心。先将患处消毒，掀起来的部分要贴回去紧紧按压，然后贴上创可贴观察一段时间。如果脱落了一半以上，则要马上去医院。

　　手指甲或脚趾甲的一半以上或完全裂开时，即使指甲没有脱落，裂口处如果出血不止的话也要马上去医院。

手指受伤是非常疼的，家长一定要尽快处理。

夹到手指

　　手指夹到门缝的时候要马上帮宝宝把手指拿出来，帮助宝宝活动手指。如果宝宝没觉得怎么疼，而且可以自己活动手指，就说明没什么大碍。如果有稍许的疼痛感，可以用流水或冷水包敷一敷患处。一般情况下，就会有所好转。如果敷过了以后肿得更厉害了，就说明有可能是内出血或出现了骨折，这时要马上去医院。

　　想活动夹到的手指时疼痛难忍，无法活动或手指扭向奇怪的方向时，很有可能是骨折了。垫上木板之类的东西固定后要马上去医院。患处肿胀发黑的话，即使不是骨折也有可能是韧带断了。虽然没有骨折那么痛，但是过几天后会肿起来，所以还是去医院比较好。

在医院处理完回家之后也要特别注意对宝宝手指的护理。

溺　水

宝宝还有意识

如果宝宝还有意识的话，脱掉他身上的湿衣服，先给他把水擦干，再给他保暖，用干燥的毯子或者被子把他包裹住，帮助他升高体温，可以用手掌为他按摩全身后再送往医院。

有脉搏，但无呼吸

心脏还在跳动，但是没有呼吸时，马上叫急救车，并且在等急救车的时间不断进行人工呼吸，直到有呼吸为止。

有呼吸，但是身体瘫软

把毛巾或衣服卷起来垫在脖子下面，然后用双手拉下巴。用毯子包住身子，以免丢失体温，然后马上叫急救车。

几小时后出现异常

从水中刚救出来时，会啼哭，有意识，又有呼吸，但是过了一段时间后发现呼吸不畅、脸色苍白、反应迟钝或打瞌睡的现象时就要马上去医院。

如果宝宝不会游泳，就别带他去有水的地方，或者玩的时候要有家长专门陪同看护。如果是稍大点的宝宝，会游泳，也要了解宝宝的健康状况，比如他的身体素质，他最近的食欲等。

宝宝没有意识

如果宝宝没有意识的话，立即叫救护车。在等待救护车的过程中，如果宝宝有呼吸，为他做好保暖，并且保证他呼吸的顺畅；如果宝宝没有呼吸，要立刻给他做人工呼吸和心脏起搏。

鱼刺卡喉

判断宝宝被鱼刺卡喉的标准

先确认是否有鱼刺卡喉，有时会因为孩子进食过快，鱼刺擦伤黏膜，造成鱼刺卡住喉咙的假象。给宝宝喂些温开水，观察他吞咽的情况。如果宝宝吞咽时有痛苦的表情，甚至有反胃、呕吐的现象，就表明的确有异物卡在孩子喉部。

鱼刺卡喉的家庭处理方法

1.尽量咳吐出

如果鱼刺比较小，扎入比较浅，可以让孩子做呕吐或咳嗽的动作，或用力做几次"ha、ha"的发音动作（注意咳吐时不要咽口水），利用气管冲出来的气流将鱼刺带出。

2.用手电筒查找鱼刺位置

如果鱼刺咳吐不出，先让孩子尽量张大嘴巴，然后用手电筒照亮孩子的咽喉部，观察鱼刺的大小及位置。

3.用镊子取出鱼刺

如果能够看到鱼刺且所处位置较容易触到，父母就可以用小镊子（最好用酒精棉擦拭干净）直接夹出。往外夹的时候父母要配合完成，一人固定宝宝的头部并用手电筒照明，另一人负责夹出鱼刺。

鱼刺夹出后的两三天内也要注意观察，如宝宝还有咽喉痛、进食不正常等表现，一定要带宝宝到医院的耳鼻喉科做检查，看是否有残留异物。

需送医院处理的情况

做间接喉镜

到了五官科，医生先给孩子做间接喉镜，简单地说，就是用这种仪器看一下孩子的喉部有没有鱼刺，这鱼刺到底有多大，或者看看有没有鱼刺划伤的创口。

取鱼刺

如果能看到鱼刺，医生就会用长长的镊子把鱼刺拔出来，如果没有看到，很可能是鱼刺的位置较深的缘故，可以到放射科去做食道钡剂造影，不过这种情况很少，大部分鱼刺都会出现在喉咙口。

检查

不是所有的鱼刺去除以后就万事大吉，还需要检查宝宝是否被鱼刺划伤，如果有划破出血的现象，就需要服药，以防感染。

误 食

误食小物件

小的固体异物

如果宝宝年龄很小，让他的头朝下，在背部的中间朝上就是肩胛骨中间，用手掌拍打。如果是年龄稍大的宝宝，可以在后面抱住他，压迫心窝附近，让他把东西吐出来。

气球或者塑料

不透气的材料堵在气管或者喉咙是非常危险的，必须马上拿出来，如果拿不出来，要立刻呼叫救护车。

误食危险物品

固体异物

如果宝宝吞食了少量的、危险性小的异物，先拿出宝宝嘴里剩余的东西，然后观察宝宝的状态，如果很有精神，或者把吞咽的东西都吐出来了，就不需要担心了。

清洁剂

让宝宝喝少量的牛奶或水后，再把手指伸到宝宝的舌根处，让小朋友把东西吐出来。

一些特殊的化学药剂

如果宝宝误食了强酸、强碱性清洁剂、灯油和汽油，不能让宝宝吐，要直接叫救护车。

平时对宝宝的安全教育是非常重要的，不能吃的东西要放在高处。

了解安全急救常识，对家人是一种负责任的态度。

误食药物

药品放在宝宝拿不到的地方

药品不可和其他物品混放在一起，也不能放在杯子或其他容易拿取的容器内，需放在宝宝看不到也摸不到的地方，最好是上了锁的橱柜或储藏室内。

不要把药叫作"糖果"

平时喂宝宝吃药时，不要骗他们说这是糖果，而应该告诉他们正确的药名与用途。否则，他们会真的相信药是糖果可以随时吃。如果你告诉宝宝，他的咳嗽药水是好吃的糖水，初看起来挺有效的，宝宝很乐意把咳嗽药水喝下去，但是，它的害处是——当宝宝以后再看到咳嗽药水的瓶子时，他很可能会把这好吃的"糖水"一口气全部喝下去。

避免在宝宝面前吃药

宝宝模仿力强，最爱仿效大人的动作，如果大人当着宝宝的面吃药，好奇的宝宝就会想方设法模仿，一旦有机会他就会毫不犹豫地尝尝大人的药。尤其是现在的宝宝由祖辈们带着的居多，而老人难免有些病痛，往往每天都要吃药，宝宝更会觉得药是每天必吃的"食物"，因此妈妈要记得提醒老人们，吃药的时候要避开宝宝。

对宝宝异常表现要留意

要尽早发现宝宝吃错药后的反常表现，如误服安眠药或含有镇静剂的降压药，会表现出无精打采、昏昏欲睡的情况。遇到此事，要马上检查大人用的药物是否被宝宝动过。总之，若无明显诱因，而宝宝却有异常情况发生时，妈妈需要仔细排查一下宝宝是否误吃了药。

尽量诱导宝宝自己吐出药物

一旦发现宝宝误服了药物，切莫惊慌失措，指责或打骂都容易令3岁以内的宝宝受惊。越打骂，他越不肯吐出药片，也越说不清楚他吃过了什么。正确的做法是：若发现药片还在宝宝的口中，就拿宝宝平时喜欢吃的东西，诱惑他张开嘴巴，然后乘机挖出药片。千万不要硬撬宝宝的嘴巴，这样只会让宝宝加速把嘴巴里的药片吞下去，甚至因哭闹令药片滑入气管引起窒息。

尽快弄清宝宝吃了什么药

若药已经进了宝宝的肚子，那要尽快弄清宝宝误服了什么药物，服药时间大约有多长和误服的剂量有多少。如让宝宝说出什么时候吃了哪个药瓶里的药，或是妈妈自己检查哪种药被挪动过，并且数量明显减少，以便大人及时地掌握情况，制订下一步治疗方案。

自行处理危害小的药物

如果宝宝服药的时间不长，在4~6小时之内，可以在家里立即采用催吐方法，使宝宝把存留在胃内尚未消化吸收的药物吐出来。方法是：用一根筷子轻轻触碰宝宝的嗓子后部(咽后壁处)，宝宝会感到恶心而引起呕吐。为了更好地催吐，可以让他喝些清水，反复催吐几次，这样可以尽量减少药物的吸收，避免引起药物中毒。

误服危害大的药物后需及时就医

如果宝宝服入的药量过大，或时间过长，或副作用大(如误服避孕药、安眠药等)，特别是当宝宝已经出现中毒症状时，必须立即将其送到医院抢救治疗，切忌延误时间。在送往医院急救时，应带上宝宝吃错的药，或有关的药瓶、药盒、药袋，供医生抢救时参考。如果不知道宝宝服的是什么药，则应将宝宝的呕吐物带往医院，以备检验。

紧急情况

呼吸异常

异物进入气管，宝宝一直咳嗽，或者呼吸异样，需要及时送往医院。

进食异常

如果他一直不愿进食或者一直流口水，甚至出现呼吸困难的情况，这是吞食的异物跑到了食管里，这时要立即送到医院救治。

误食紧急措施一览			
误食物	是否可以通过催吐法吐出	呕吐后如何处理	是否需要立即前往医院
香烟	催吐	可以喝少量水、母乳、牛奶	误食物在2厘米以上

误食溶有香烟或烟灰的水要立即前往医院			
线状蚊香	催吐	可以喝水、母乳、牛奶	在家观察
液体蚊香	催吐	可以喝水、母乳、牛奶	立即前往医院
杀虫剂	不能催吐	不能喝任何东西	立即前往医院
肥皂	催吐	可以喝少量水、母乳、牛奶	立即前往医院
漂白剂洁厕剂	不能催吐	可以喝点水、母乳、牛奶	立即前往医院
纽扣型电池	不能催吐	不能喝任何东西	立即前往医院
酒精类饮品	催吐	可以喝少量水、母乳、牛奶	立即前往医院

骨 折

紧急救护措施

如果出血先止血

先用清水冲洗并对伤口进行消毒，然后用纱布轻按住伤口2～3分钟来止血。

最好马上去医院进行X射线检查。

安抚情绪

想办法让宝宝安静下来，并送往医院。这个过程中不能移动患部，如果医院较远，可以先给他绑上夹板，或者直接拨打120。

痛得动不了

外表看起来虽然没有变化，但是宝宝痛得无法站立时，或者动不了，就可能是发生了骨折，要前往医院就诊。

如果伤处骨头外露

形成开放性骨折，要立即叫救护车。

夹板是为了固定受伤部位、保护患部。给宝宝上夹板千万不能勉强固定，并且一定要让宝宝觉得舒服。为了避免上石膏的时候发生宝宝流汗造成身体不适的情况，还可以一边为宝宝上石膏，一边拍打石膏。

需送医院处理的情况

移动特定部位就觉得痛

只要一动特定的部位宝宝就很痛，可能是发生了骨折，要前往医院就诊。如果怀疑是骨折，先用木板固定住患处，然后马上去医院。关节肿大，因为内出血、皮肤为红紫色时，错位的可能性很高。用绷带等按压固定患处，同时充分冷却患处，按摩或活动患处是绝对不可以的。

出现变形

出现了明显的变形，或是时常发生不自然的弯曲，要立即到医院就诊。

皮肤变肿

当小孩跌倒站不起来，一直喊疼，受伤部位由肉眼就能辨认出发生变形，或者移动某个部位时，宝宝十分的痛苦，受伤的部位肿得非常厉害，而且皮肤开始逐渐变黑，这些都是骨折的症状。

大出血时

大出血时要以不移动宝宝的患处为原则止血，并叫救护车。

鼻出血

鼻出血的原因

孩子鼻腔内的血管和黏膜之间会有数条血管交会于此，并且都是动脉。所以，当孩子鼻子受伤时就会大量出血。

紧急救护措施

让宝宝坐起来并捏住鼻子

首先，让宝宝坐下并将身体稍稍前倾，用手将宝宝的鼻子稍用力地捏住，这样可以初步止血。如果鼻腔中的血流到口腔中，要让他马上吐出来。

千万不能让宝宝抬头拍打他的后脑勺或是让他平躺，以免造成他鼻腔中的血流入喉咙而被呛到。使流鼻血的鼻孔朝下，这样鼻血就不容易流入他的喉咙或口腔里了。

塞入纱布

将棉球或纱布卷起来塞入宝宝的鼻孔（不能塞得过于往里，要留一段在外面）。

冰 敷

以冷毛巾覆盖整个鼻子的部分。

需送医院处理的情况

经常流鼻血

如果宝宝经常性没有原因地流鼻血，要带他去耳鼻喉科做一次全面的检查。

撞到头后流鼻血

如果是因为撞到鼻子而流鼻血的话，要马上送医院。

长时间不能止血

宝宝流鼻血时，通常在处理后5分钟左右就基本可以控制。如果超过10分钟还不能止血，就要立即带着宝宝前往医院就诊。

预防鼻出血的方法

孩子流鼻血时家长不要惊慌失措，只要妥善处置，都可恢复正常，但最重要的还是预防这种情况的发生。如果孩子感冒，家长应立即带孩子就医并让孩子多休息；有鼻过敏的孩子需长期控制过敏的发作；对于习惯抠鼻子的孩子，家长应及时劝止；如果家长怀疑孩子有血液疾病，须尽快去医院检查。

挖鼻孔也是导致宝宝流鼻血的原因之一，家长要注意观察宝宝是不是有挖鼻孔的习惯。

跌 伤

紧急救护措施

当手脚跌伤时

如果有伤口，先用清水或者是过氧化氢来冲洗伤口，接着消毒并覆盖上纱布，再绑上绷带，以保护伤口，最后可以冰敷伤口以减轻宝宝的疼痛。

可以用冰袋敷在伤口上，如果没有伤口，以冷水弄湿毛巾，直接冰敷患部就可以了。如果是用冷敷，皮肤较敏感的宝宝可能会发炎，所以可以使用冰毛巾或是冰袋帮宝宝冰敷患部。

当撞到腹部时

首先，让宝宝平躺，帮宝宝把腹部紧裹他身体的衣服脱下，然后，让宝宝抱着膝盖侧躺，或是平躺并把脚抬高，躺着时尽量让宝宝舒服。如果这样能使宝宝疼痛逐渐地消失，而且过一会儿宝宝也能像平常一样行走的话，宝宝的身体应该没有什么问题了。

当撞到胸部时

可以让宝宝靠在墙壁上，避免压迫到胸部，并且保持能轻松呼吸的姿势。如果是左右有一边感到疼痛的话，可从疼痛的那一边朝下横躺，这样可以减缓他的疼痛。

需送医院处理的情况

伤口肿大

当宝宝的伤口已经冰敷，但是不见好转而且越来越严重的话，要立即带着宝宝去医院外科就诊。

两天后依然疼痛

当宝宝跌伤后两三天仍然不好，一直喊疼，或者是伤口不见好转而且恶化的话，可能是骨折了，所以要立即带着宝宝去医院就诊治疗。

从高处跌落

撞击脖子或者背部的力量很大。

宝宝腹部感到疼痛时

宝宝摔伤后感到腹部疼痛，出现冒冷汗、呕吐等症状，如果有强烈或者多次呕吐的症状时，要立即就医。

胸部受伤时

如果是胸部疼痛难忍，可能是肋骨骨折；如果宝宝剧烈地咳嗽，或者是出现咯血、咳痰，这时可能是伤到了肺部，要立刻叫救护车。

丧失意识

剧烈咳嗽，并有血丝。

脱　臼

紧急救护措施

确认部位

判断伤处的过程中，动作一定要轻缓，不要用力弯曲宝宝的关节。

夹板固定

可以用夹板绷带轻轻地将患处固定，保护脱臼的关节。

冰　敷

在去医院的过程中，为了缓解宝宝的疼痛，可以继续为他冰敷患处。

需送医院处理的情况

手脚异样

如果宝宝的手脚抬不起来，或者即便抬起来也很费劲，或者两手、两脚不一样长的情况就需要及时到医院就诊。

手脚无法移动时

当宝宝突然疼痛，并且伴有手腕或脚痛得动不了。

用夹板固定

如果宝宝受的伤十分严重，或者肿的部位越来越厉害，请先用夹板对伤处进行固定，再前往儿童骨科或外科就诊。

扭 伤

孩子容易扭伤

　　扭伤的部位以活动较多的关节为多，如踝关节、腕关节、膝关节等，扭伤后局部会肿胀，孩子更会因疼痛而哭闹。如果此时马上给扭伤的小脚进行按摩，不但没有止痛的效果，反而会加重损伤。

扭伤的表现

　　1.疼痛与触痛随着患部的活动而增强。
　　2.受损的关节肿胀，限制活动。
　　3.肌肉痉挛(肌肉发紧，由非主观性收缩引起)。
　　4.如果波及腿，就会出现跛行。
　　5.几天后伤处还会出现青肿。

紧急救护措施

脱下鞋子举起伤脚

　　如果足部肿胀无法脱鞋或脱袜时，就用剪刀剪开脱掉。

固定受伤部位

　　用弹力绷带扎紧扭伤部位。方法为先在足踝部绕1圈，接着绕至足背和脚底后绕回足背，再在足踝部多绕一圈扎紧。

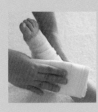

迅速冷敷受伤部位

　　用冷水毛巾或冰袋放在伤部或将伤脚放进盛满冰块的桶内，其效果会更好。

进一步检查

　　固定3～5分钟后，再取下绷带检查有无骨折或脱臼。注意疼痛点的位置、肿胀的程度、关节是否出现畸形。若只是轻度的扭伤，可冰敷20分钟，并给予压迫性的包扎，抬高患部。

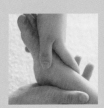

抬高患部

　　把受伤的踝关节抬高，至少要比腰部更高一些才行。

热 敷

　　经过24小时，肿胀和疼痛过后，没有发现骨折征象，可用热敷以利于血肿及时吸收。

眼睛进异物

紧急救护措施

沙子进入眼睛

1.清洗眼部

可以用自来水或生理盐水为宝宝冲洗眼睛。

2.挤压眼角

家长帮助他轻轻压住眼角，使灰尘伴随着眼泪流出。

3.用脸盆洗眼睛

如果灰尘还不出来，可以让宝宝在装满清水的脸盆中眨眼睛。

4.用棉花棒将灰沾出

如果以上方法都不可行的话，还可以帮助宝宝翻眼皮，用清水弄湿棉花棒或纱布取出沙粒。

尖锐的东西刺到眼睛

如果宝宝的眼睛是被碎玻璃片或者尖锐物品刺到时，立刻叫救护车。而且千万不能让宝宝揉眼睛，也千万不能试图用其他办法帮他取出异物。这时一定要用毛巾覆盖住他的双眼，尽量使他的情绪平稳下来，而且不要让他转动眼球。

热水或热油进入眼睛

撑开眼皮，用清水冲洗5分钟，不要乱用化学解毒剂，同时立即叫救护车送往医院。

当宝宝眼睛进入异物时，父母会想到为孩子使用眼药水。但眼药水不是治疗眼病的万能药，不对症使用会走入误区。在异物未取出时，滴用眼药水是无效的，部分眼药水有收缩血管的作用，滴用后会减轻患眼的充血症状，影响父母的判断。

需送医院处理的情况

眼睛出血

如果发现眼睛红肿或有出血的情况发生，要马上送往眼科医院就诊。

眼睛睁不开，疼痛伴有流泪

宝宝的眼睛睁不开，他感觉有东西磨得十分疼痛而且不停地流眼泪，或者是眼睛十分疼痛伴随流泪的感觉，这些都是有异物（化学药品、热汤、热油、碎玻璃片、眼睫毛等等）进入了眼睛。可以先试着用水为他清洗，如果还不好可送往眼科医院就诊。

鼻子或耳朵进异物

紧急救护措施

耳朵进水时

1.单脚跳

如果小孩耳朵进水，可以帮助他将进水的耳朵朝下然后单脚跳。有异物的情况也一样。

2.将水吸出

用棉签、卫生纸轻轻伸入耳中将水吸出来。伸入的过程中一定要把握分寸，宝宝的耳道浅，且非常细嫩，所以很容易受伤。

耳朵进入虫子

1.用手电筒照

让耳朵在暗处稍微朝上，然后用手电筒照射。

2.用橄榄油杀虫

可以将1～2滴橄榄油滴入耳朵里杀虫，然后去医院检查。

鼻子进入异物

1.用力擤鼻子

异物在鼻孔附近时，让宝宝压住另一个鼻孔，闭上嘴用力擤。

2.用卫生纸搔鼻子

要是擤不出，就用卫生纸搔鼻子，让宝宝打喷嚏。要是异物还不出来，就要到医院处理。

错误做法

家长千万不能擅自拿着夹子为宝宝夹出异物，因为不小心可能会把异物塞进鼻腔或耳道里，给宝宝造成伤害。

需送医院处理的情况

1.进入异物：当一些小东西，例如弹珠、小积木、大头针等进入宝宝的鼻子或耳朵里，却拿不出来的时候，千万不能勉强，应该立即带着宝宝去耳鼻喉科就诊。

2.进入昆虫：在采用常规应急处理后，如果昆虫还是无法清除，则应尽快带小宝宝去医院耳鼻喉科就诊。

预防常识

家里有很多非常小的物件，例如：玩具的零件，包装的配件，图钉等，家长要特别小心这些东西，把它们放到宝宝拿不到的地方，以免发生意外。

蚊虫叮咬

被蚊子叮咬

仅需擦些花露水、风油精等止痒剂即可。芦荟具有中和昆虫的毒素及杀菌作用，所以对治疗虫咬非常有效。当被蚊虫咬后出现痒或疼痛时，将鲜芦荟连皮一起磨成汁，用纱布蘸汁贴于患部；如果发生红肿，可将芦荟厚实部分切薄后直接贴于患部。不管上述哪种方法，只要芦荟水干了，就要耐心地替换。

被毛虫蜇伤

通常3月后，毛毛虫开始大量活动。毛毛虫分布很广，庭院、校园及公园里的树木上多生有这种小毛虫。毛毛虫的毒毛进入皮肤后会断落并流出毒素，被蜇伤的部分会有小丘疹，皮肤会有刺痛烧灼感，直至瘙痒、溃烂，甚至还会出现荨麻疹等症状。

如果孩子被毛毛虫蜇伤，父母应仔细观察伤处，并用刀片顺着毒毛方向刮除毒毛，然后在伤处涂擦3%氨水；也可用橡皮膏贴在被蜇部位，再用力撕下，毒毛即可被粘出。

如果是在郊外游玩，父母还可以寻找新鲜的马齿苋捣烂外敷。

被蚂蟥叮

蚂蟥又称水蛭，一般栖于浅水中。在我国南部的丛林地带较为常见，还有一种旱蚂蟥常成群栖于树枝和草上。蚂蟥致伤是以吸盘吸附于暴露在外的人体皮肤上，并逐渐深入皮内吸血。被咬部位常发生水肿性丘疹，不痛。因蚂蟥咽部分泌液有抗凝血作用，所以伤口流血较多。

当发现蚂蟥已吸附在孩子的皮肤上，父母可用手轻拍，使其脱离皮肤；也可用食醋、酒、盐水、烟油水或清凉油涂抹在蚂蟥身上和吸附处，使其自然脱出。不要强行拉扯，否则蚂蟥吸盘将断入皮内引起感染。

蚂蟥脱落后，伤口局部的流血与丘疹可自行消失，一般不会引起特殊的不良后果，只需要在伤口涂抹碘酒预防感染即可。

如果孩子出现荨麻疹等症状，必须去医院让医生对症处理。

被蜂蜇伤

一般常见的蜂有蜜蜂、黄蜂和马蜂，这几种蜂都有尾刺，蜂蜇人是靠尾刺把毒液注入人体，只有蜜蜂蜇人后把尾刺留在人体内，其他蜂蜇人后会将尾刺收回。当幼儿被单个蜂蜇伤，一般只表现局部红肿和疼痛，数小时后可自行消退；若被群蜂蜇伤，可出现头晕、恶心、呕吐、呼吸困难、面色苍白，严重者可出现休克、昏迷，甚至死亡。

当发现蜜蜂蜇伤孩子后，要仔细检查孩子伤口，如果伤口上有一小黑点，就说明尾刺尚在伤口内，可用镊子、针尖挑出。在野外无法找到针或镊子时，父母可用嘴将刺在伤口上的尾刺吸出。不可挤压伤口以免毒液扩散，也不能用红药水、碘酒之类药物涂擦患部，这样只会加重患部的肿胀。因蜜蜂的毒液呈酸性，所以可用肥皂水、小苏打水或淡氨水等碱性溶液洗涤涂擦伤口中和毒液，也可用生茄子切开涂擦患部以消肿止痛。伤口肿胀较重者，可用冷毛巾湿敷伤口。

若孩子是被黄蜂蜇伤，因其毒液呈碱性，所以用弱酸性液体中和，如食醋涂擦患部可止痛消痒；妈妈用母乳擦拭也有同样的效果。

若孩子被马蜂蜇伤，父母不妨将马齿苋菜嚼碎后涂在患处，可起到止痛作用。对于蜂蜇后局部症状严重、出现全身性过敏反应的孩子，除了给予上述处理外，如带有蛇药可口服解毒，并立即送往医院救治。

被蜈蚣咬伤

蜈蚣有一对中空的螯，咬人后毒液经此进入皮下。蜈蚣咬人后局部表现为疼痛、瘙痒。幼儿被咬伤后，会出现不同程度的头晕、头痛、呕吐、视物不清，甚至发生昏迷、抽搐而危及生命。蜈蚣越大，症状也就越重。

发现孩子被蜈蚣咬伤后，立即用弱碱性液体如肥皂水、淡氨水洗涤伤口。如在野外，父母可将鲜蒲公英或鱼腥草嚼碎捣烂后外敷在伤口上。

不必用碘酒或消毒水涂擦伤口，因其毫无用处。可将蛇药片用水调成糊状，敷于伤口周围。如果发现宝宝症状严重，应立即送往医院治疗。

植物过敏

紧急救护措施

更换衣物

如果发现小朋友已经发生了植物过敏的情况，即使是在室外，也要立刻帮他更换所有衣物，因为有些容易造成过敏的植物，容易附着在身体或者是衣服上，脱下来的衣裤要放在塑料袋里，避免再次碰到它。

用清水清洗过敏处

过敏处一般都会非常痒，小朋友的抓挠会使过敏的范围进一步扩大，为了避免这种情况的发生，可以先帮他用清水冲洗患部，清洗的过程中千万要注意不要让洗过患处的水溅到他身体的其他部位。

用冷毛巾冰敷患处

为了减轻患部的瘙痒，可以用冷毛巾帮助小朋友冰敷。

涂上止痒药物

将蚊虫止痒软膏涂在患部，尽可能不要让小朋友去抓挠，如果已经出现水疱，千万不能让他弄破。

对于宝宝曾经有过的过敏史，家长一定要记住。

需送医院处理的情况

出水疱，皮肤溃烂

有的小朋友皮肤对一些植物很敏感，碰到一些植物后皮肤会出现湿疹甚至红肿、有水疱，严重的还会皮肤溃烂。

症状两三天不消减

如果过了两三天，症状一直不消的话，要带他去医院皮肤科就诊。

对于那些过敏后出现水疱、皮肤开始溃烂的小朋友，应先在患部覆盖上干净的纱布，避免小朋友用手去抓而弄破水疱，然后再带他去医院皮肤科就诊。

预防常识

对小朋友建立一个健康档案袋，其中记录小朋友以前是否有过植物过敏的情况。如果他有过过敏的历史，带他出去时要尽量给他穿上长衣裤，尽量让他远离那些容易引起皮肤过敏的植物。

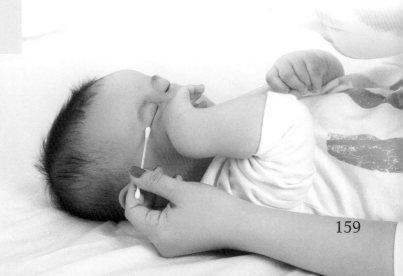

淤　青

淤青的症状

1.撞伤的前一两天会疼痛或压痛。

2.较严重的撞伤，可能出现硬块。

3.皮肤会出现深紫色的淤斑，随着皮下血液重新被吸收颜色会变成褐色、绿色而后黄色，最后自行消失。

4.若发生骨骼的撞伤，可能会出现肿胀症状。

淤青的持续时间

如果是因为外力碰撞而产生的淤青，一般在2~5天内可以消退。而因疾病产生的淤青，则要视伤情发展而定。

淤青是由皮下出血造成的红肿，会慢慢消退。

产生淤青的原因

大多数宝宝产生淤青是因为摔伤或撞伤以后，表皮下脆弱的毛细血管受到挤压而破裂，血液流到血管外而出现淤血、肿胀，并压迫刺激神经，使宝宝感到疼痛。乌青块里的淤血是鲜红色的，可是，光线通过皮肤组织被反映出来的就是青黑色的肿块。

淤青最初看上去是蓝色或是紫黑色的，以后慢慢消退，变成棕色、绿色或黄色。家长对此不必担心。

淤青最容易产生的部位

淤青块通常出现在肌肉上的比较少，比较容易出现在缺乏缓冲作用"皮包骨头"的部位，如头顶、前额、膝盖、脚背等处。

正确处理淤青的步骤

局部按压

用手掌按住撞伤的部位，同时安抚孩子的情绪，以减轻他的不安与焦虑。此时，家长千万不可用手去揉，以免加重局部的症状，甚至造成更严重的皮下出血。

初期冷敷，两天之后温敷

因为淤青是由于血管破裂造成的，所以在出现淤青的24~48小时内，要用冰敷20~30分钟，使血管收缩。出现淤青的48小时以后，可采用热敷并辅助一定的按摩，以促进血液循环。

休　息

让宝宝减少运动量，尽量避免再次碰到有淤青的部位，保证宝宝得到充分的休息。

按　摩

热敷时，可以辅助一定的按摩，以促进血液循环。

冰毛巾

毛巾浸泡冰水，每隔10分钟更换，以保持冷度。

冷冻蔬菜

如果没有冰块，也可以用冰箱冷冻室的冷冻豌豆或冷冻蔬菜，外面包上毛巾就可以用来冰敷。

冰　袋

塑胶袋内装2/3的冰块，再加一点盐，可以减慢冰块融化的速度，双手挤掉过多的空气后，绑紧并包上毛巾就可以使用。

使用冰敷时的注意事项

1.不要让冰袋直接放于宝宝皮肤上的时间过长，一般20分钟左右就应该更换一下位置，避免宝宝受到过分的冰凉刺激。

2.如果宝宝身上的淤青面积较大，不宜用冰敷，以防加重微循环障碍，引起组织坏死。

3.如果宝宝受伤部位是枕后、耳郭、阴囊等处，不能用冷敷，以防冻伤；宝宝腹部也同样不宜冷敷，以防引起肠痉挛或腹泻。

中　暑

紧急救护措施

有意识

移到阴凉通风处,当宝宝还有意识时,先把他抬到阴凉处休息,让他平躺着的同时垫高他的头部,为了让他顺畅地呼吸,可以解开他的衣扣。

降温

可以帮助宝宝扇风或者用凉毛巾帮他降温,如果做了这些后宝宝还不见好转,要立刻叫救护车。

补充水分

如果宝宝流了很多汗,可以帮助他补充水分,这样还能够使体温下降(也可以为他补充生理盐水、运动饮料等)。

没有呼吸时

如果怎么叫宝宝他都不答应的话,首先要确认他是不是还有脉搏和呼吸。在救护车来之前,要先进行人工呼吸,但是要保证他呼吸道的通畅。做人工呼吸的同时,还要帮他做心脏起搏。

需送医院处理的情况

经常中暑

如果宝宝经常中暑,或者中暑之后精神不佳、食欲缺乏,就应该及时带他去医院检查。

呼吸不正常

嘴唇、指甲或者皮肤出现青紫色。

出现痉挛或者昏迷不醒

体温降不下来,反而越来越高。

户外活动预防中暑

户外活动之前一定要计划好在外游玩的时间,如果是酷暑时节,尽量避免在下午两点左右带宝宝出去玩,外出游玩的时候也要注意给宝宝带上一把遮阳伞或戴上太阳帽。

第 六 章

辅食喂养
很关键

4~6个月宝宝的变化

4个月宝宝

1	扶宝宝坐起来时，他的头可以转动，也能自由地活动，不摇晃
2	可以用两只手抓住物体，还会吃自己的脚
3	能意识到陌生的环境，并表现出害怕、厌烦和生气
4	哭闹时，成人的安抚声音会让他停止哭闹或转移注意力
5	能从仰卧位翻滚到俯卧位，并把双手从身下掏出来
6	让宝宝站立，宝宝的臀部能伸展，两膝略微弯曲，支持起大部分体重
7	宝宝能一手或双手抓取玩具
8	宝宝会将玩具放到嘴里，明确做出舔或咀嚼的动作
9	会注意到同龄宝宝的存在

5个月宝宝

1	已经出牙0~2颗
2	双手支撑着坐
3	物体掉落时，会低头去找
4	能发出4~5个单音
5	会玩躲猫猫的游戏
6	能熟练地以仰卧自行翻滚到俯卧
7	坐在椅子上能直起身子，不倾倒
8	成人双手扶宝宝腋下，让宝宝站立起来，能反复屈伸膝关节自动跳跃
9	宝宝能用双手抓住纸的两边，把纸撕开
10	爱照镜子，常对着镜中人出神
11	可以双手堆积木

6个月宝宝

1	宝宝平卧在床面上，不需帮助能自己把头抬起来，将脚放进嘴里
2	不需要用手支撑，可以单独坐5分钟以上
3	能伸手够取远处的物体
4	成人拉着宝宝的手臂，宝宝能站立片刻
5	能够自己取一块积木，换手后再取另一块
6	能发出"ba""ma"或者"ai"的音

确定初期添加辅食的信号

何时添加辅食

辅食最好开始于6个月之后

宝宝出生后的前5个月基本只能消化母乳或者奶粉，并且肠道功能也未成熟，进食其他食物很容易引起过敏反应。若是喂食其他食物引起多次过敏反应后，可能引起消化器官和肠功能成熟后也对食物排斥。所以，换乳时期最好选在消化器官和肠功能成熟到一定程度的6个月龄为宜。

辅食添加最好不晚于6个月龄

6个月大的宝宝已经不满足于母乳所提供的营养了，随着宝宝生长速度的加快，各种营养需求也随之增大，因此通过辅食添加其他营养成分是非常必要的。6个月的宝宝如果还不开始添加辅食，不仅可能造成宝宝营养不良，还有可能使得宝宝对母乳或者奶粉的依赖增强，以至于无法成功换乳。

过敏宝宝晚一些添加辅食

宝宝生长的前5个月，最完美的食物就是母乳，因此母乳喂养到8个月也不算太晚，尤其是有些过敏体质的宝宝。由于添加辅食过早可能会加重过敏症状，所以这类宝宝可8个月后开始换乳。

换乳开始的信号

一般开始添加辅食的最佳时期为宝宝6个月时，但是最好的判断依据还要根据宝宝身体的信号。以下就是只有宝宝才能发出来的该添加辅食的信号：

1.首先观察一下宝宝是否能自己支撑住头，若是宝宝自己能够挺住脖子不倒，还能加以少量转动，就可以开始添加辅食了。如果连脖子都挺不直，为宝宝添加辅食还是过早了。

2.背后有依靠，宝宝能坐起来。

3.能够观察到宝宝对食物产生兴趣，当宝宝看到食物开始垂涎欲滴的时候，也就是开始添加辅食的最好时间。

4.如果当4~6个月龄的宝宝体重比出生时增加一倍，证明宝宝的消化系统发育良好，比如酶的发育、咀嚼与吞咽能力的发育、开始出牙等。

5.能够把自己的小手往嘴巴里放。

6.当成人把食物放到宝宝嘴里的时候，宝宝不是总用舌头将食物顶出，而是开始出现张口或者吮吸的动作，并且能够将食物向喉间送去形成吞咽动作。

初期添加辅食的原则和方法

初期辅食添加的原则

由于生长发育以及对食物的适应性和喜好都存在一定的个体差异，所以每一个宝宝添加辅食的时间、数量以及速度都会有一定的差别，妈妈应该根据自己宝宝的情况灵活掌握添加时机，循序渐进地进行。

添加辅食不等同于换乳

当母乳比较多，但是因为宝宝不爱吃辅食而用断母乳的方式来逼宝宝吃辅食这种做法是不可取的。因为母乳毕竟是这个时期的宝宝最好的食物，所以不需要着急用辅食代替母乳。对于上个月不爱吃辅食的宝宝，可能这个月还是不太爱吃。要有耐心等到母乳喂养的宝宝到了6个月后会逐渐开始爱吃辅食了。因此，不能因为宝宝不爱吃辅食就采用断母乳的方法来改变，毕竟母乳是宝宝最佳的营养来源。

留意观察是否有过敏反应

待宝宝开始吃辅食之后，应该随时留意宝宝的皮肤，看宝宝是否出现了什么不良反应。如果出现了皮肤红肿甚至伴随着湿疹出现的情况，就要暂停喂食该种辅食。

留意观察宝宝的大便

宝宝大便的情况，妈妈应该随时留意观察。如果宝宝大便不正常，也要停止相应的辅食。等到宝宝的大便变得正常，也没有其他消化不良的症状以后，再慢慢地添加这种辅食，但是要控制好量。

辅食的添加可以慢慢地进行，家长不要操之过急。

找到宝宝喜欢的食物，然后换着样子给宝宝逐渐添加其他食物。

初期辅食添加的方法

妈妈到底该如何在众多的食材中选择适合宝宝的辅食呢？如果选择了不当的辅食会引起宝宝的肠胃不适甚至过敏现象。所以，在第一次添加辅食时尤其要谨慎些。

辅食添加的量

奶与辅食量的比例为4:1，添加辅食应该从少量开始，然后逐渐增加。刚开始添加辅食时可以从米粉开始，然后逐渐过渡到果汁、菜叶、蛋黄等。使用蛋黄的时候应该先用小勺喂大约1/8大的蛋黄泥，连续喂食3天；如果宝宝没有大的异常反应，再增加到1/4个蛋黄泥。接着再喂食3~4天，如果一切正常就可以加量到半个蛋黄泥。需要提醒的是，大约3%的宝宝对蛋黄会有过敏、起皮疹、气喘甚至腹泻等不良反应。如果宝宝有这样的反应，应暂停喂养，等到7~8个月大后再行尝试。

添加辅食的时间

因为这个阶段宝宝所食用的辅食营养还不足以取代母乳或奶粉，所以应该在两顿奶之间添加。最好在白天喂奶之前添加米粉，上下午各一次，每一次的时间应该控制在20~25分钟。

第一口辅食

月龄6个月的宝宝，最佳的起始辅食应该是婴儿营养米粉。这种最佳的婴儿第一辅食，里面含有多种营养元素，如强化了的钙、锌、铁等。其他辅食就没有它这么全面的营养了。这样一来，既能保证一开始宝宝就能摄取到较为均匀的营养素，且不会过早增加宝宝的肠胃负担。一旦喂完米粉以后，就要立即给宝宝喂食母乳或者奶粉，每个妈妈都应该记住，每一次喂食都该让宝宝吃饱，以免他们养成少量多餐的不良习惯。所以，等到宝宝把辅食吃完以后，就该马上给宝宝喂母乳或奶粉，直到宝宝不喝了为止。当然，如果宝宝吃完辅食以后，不愿意再喝奶，就说明宝宝已经吃饱了。一直等到宝宝适应了初次喂食的米粉量之后，再逐渐地加量。

喂食一周后再添加新的食物

添加辅食的时候，一定要注意一个原则，那就是等习惯一种辅食之后再添加另一种辅食，而且每次添加新辅食的时候要留意宝宝的表现，多观察几天。如果宝宝一直没有出现什么反常的情况，才可以接着喂下一种辅食。

【南瓜】

富含脂肪、糖类、蛋白质等热量高的南瓜，本身具有的香浓甜味还能增加食欲。初期要煮熟或者蒸熟后再食用。

【香蕉】

香蕉含糖量高，脂肪、酸含量低，可以在添加辅食初期食用。应挑表面有褐色斑点熟透了的香蕉，切除掉含有农药较多的尖部。初期放在米糊里煮熟后食用更安全。

【萝卜】

萝卜富含对感冒、咳嗽有很好效果的消化酶，可以在宝宝5个月大的时候开始喂食。根部的辣味较为浓重，应该使用中间或者叶子部分来制作辅食。

【梨】

梨很少会引起过敏反应，所以添加辅食初期就可以开始食用。它还具有祛痰降温、帮助排便的功用，所以在宝宝便秘或者感冒时食用一举两得。

【苹果】

苹果是辅食初期的最佳选项。等到宝宝适应蔬菜糊糊后就可以开始喂食。因为苹果皮下有不少营养成分，所以削皮时尽量薄一些。

【西蓝花】

西蓝花本身富含维生素C，很适合喂食感冒的宝宝。等到5个月后开始喂食，不要使用它的茎部来制作辅食，只用菜花部分，可磨碎后放至冰箱保存备用。

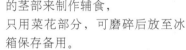

【甜叶菜】

甜叶菜富含维生素C和钙的黄绿色蔬菜。因为纤维素含量高不易消化，所以宜5个月后喂食。取其叶部洗净后开水余烫，然后使用粉碎机捣碎后使用。

【鸡胸脯肉】

鸡胸脯肉含脂量低，味道清淡而且易消化吸收。这个部位的肉很少引起宝宝过敏。为及时补足铁，可在宝宝6个月后开始经常食用。可煮熟后捣碎食用，鸡汤还可冷冻后保存好下次使用。

【菜 花】

菜花能够增强抵抗力、排出肠毒素，适合容易感冒、便秘的宝宝。把它和马铃薯一起食用既美味又有营养。去掉茎部后选用新鲜的菜花部分，开水余烫后捣碎使用。

【李 子】

李子含有超过一般水果3~6倍的纤维素，特适合便秘的宝宝。因其味道较浓可在宝宝5个月大后喂食。初时应选用熟透的、味淡的李子。

【西 瓜】

西瓜富含水分和钾，有利于排尿，既散热又解渴，是夏季制作辅食的绝佳选择。因为容易导致腹泻，所以一次不可食用太多。去皮、去籽后捣碎，然后再用麻布过滤后烫一下喂给宝宝。

【桃、杏】

换乳伊始不少宝宝会出现便秘，此时较为适合的水果就是桃和杏。因果面有毛易过敏，所以要5个月后再开始喂食。有果毛过敏症的宝宝宜在1岁后喂食。

【油 菜】

油菜容易消化并且美味，是常见的用于制作辅食的材料。虽然油菜富含铁，但因其阻碍硝酸的吸收，容易导致贫血，所以6个月前禁止食用。加热时间过长会破坏维生素和铁，所以可以用开水烫一下后搅碎，然后用筛子筛后使用。

【大白菜】

大白菜富含维生素C，能预防感冒，因其纤维素较多不易消化，并且容易引起贫血，故6个月后才可以喂食。添加辅食初期要选用纤维素含量少、维生素聚集的叶子部位。去掉外层菜叶，选用里面的菜心烫后捣碎食用。

【蘑 菇】

蘑菇含有蛋白质、无机物、纤维素等营养素，能提高免疫力。先食用安全性最高的冬菇，没有任何不良反应后再尝试其他蘑菇。开水烫一下后切成小块，再用粉碎机捣碎后食用。

【海 带】

海带富含纤维素和无机物，是较好的辅食食物。附在其表面的白色粉末增加了其美味，易溶于水，故而用湿布擦干净即可。擦干净后用煎锅煎脆后再捣碎食用。

【胡萝卜】

胡萝卜富含维生素和矿物质。虽然辅食中常用它补铁，但它含有易引起贫血的硝酸盐，所以一般6个月后食用。油煎后食用较好，换乳初期和中期应去皮蒸熟后食用。

【卷心菜】

卷心菜适用于体质较弱的宝宝以提高对疾病的抵抗力。首先去掉硬而韧的表皮，然后用开水烫一下里层的菜叶后捣碎，最后再用榨汁机或者粉碎机研碎以后放入大米糊糊里一起煮。

常用食物的黏稠度

大米：磨碎后做10倍米糊，相当于母乳浓度。

鸡胸脯肉：开水煮熟切碎，再用粉碎机捣碎食用。

苹果：去皮和籽磨碎，用筛子筛完加热。

油菜：开水烫一下磨碎或捣碎，然后用筛子筛。

胡萝卜：去皮煮热后磨碎或捣碎，然后用筛子筛。

马铃薯：带皮蒸熟后再去皮捣碎，然后用筛子筛。

7~9个月宝宝的变化

7个月宝宝

1	能将腹部贴地，匍匐着向前爬行
2	能将玩具从一只手换到另一只手
3	能够坐姿平稳地独坐10分钟以上
4	可以自行扶着站立
5	能辨别出熟悉的声音
6	能发出"ma-ma"和"ba-ba"的音
7	会模仿成人的动作
8	已经能分辨自己的名字，当有人叫他的名字时会有反应，但叫别人名字时没有反应
9	对成人的训斥和表扬表现出高兴和委屈
10	开始能用手势与人交往，如伸出双手要人抱，摇头表示不同意等
11	会自己拿着条状饼干有目的地咬、嚼

8个月宝宝

1	爬行时可以腹部离开地面
2	能自发地翻到俯卧的位置
3	能自己以俯卧位转向坐位
4	能用拇指和食指捏起小丸
5	能够理解简单的语言，模仿简单的发音
6	语言和动作能联系起来
7	能用摇头或者推开的动作来表示不情愿
8	能自己拿奶瓶喝奶或喝水

9个月宝宝

1	能从坐姿到扶栏杆站立
2	爬行时可向前也可向后
3	扶着栏杆时能抬起一只脚，之后再放下
4	拇指、食指能协调较好，捏小丸的动作越来越熟练
5	会抓住小勺子
6	想自己吃东西
7	能区分可以做和不可以做的事
8	懂得常见人和物的名称
9	能有意识地叫"爸爸""妈妈"

中期添加辅食的信号

中期辅食添加

　　一般来说，在添加初期的辅食后一两个月才开始进行中期辅食，因为此时的宝宝基本已经适应了除奶粉、母乳以外的食物，所以初期辅食开始于4个月的宝宝，一般在6个月后期或者7个月初期开始进行中期辅食添加较好。但那些易过敏或者一直母乳喂养的宝宝，还有那些一直到6个月才开始换乳的宝宝，应该在添加1~2个月的初期辅食后，再在7个月后期或者8个月以后进行中期辅食喂养为好。

较为熟练咬碎小块食物时

　　当把切成3毫米大小的块状食物或者豆腐硬度的食物放进宝宝嘴里的时候，留意他们的反应。如果宝宝不吐出来，会使用舌头和上牙龈磨碎着吃，那就代表可以添加中期辅食了。如果宝宝不适应这种食物，那先继续喂更碎、更稠的食物，过几日再喂切成3毫米大小的块状食物。

长牙开始，味觉也快速发展

　　此时正是宝宝长牙的时期，同时也是味觉开始快速发育的时期，应该考虑给宝宝喂食一些能够用舌头碾碎的柔软的固体食物。食物种类可以更多，用来配合咀嚼功能和肠胃功能的发育，同时促进味觉发育。注意不要将大块的蔬菜、鱼肉喂给宝宝，应将其碾碎后喂给宝宝。

对食物非常感兴趣时

　　宝宝一旦习惯了辅食之后，就会表现出对辅食的浓厚兴趣，吃完平时的量后还会想要再吃，吃完后还会抿抿嘴，看到小勺就会下意识地流口水，这些都表明该给宝宝进行中期辅食添加了。

中期添加辅食的原则和方法

中期辅食添加的原则

7～9个月的宝宝，已经开始逐渐萌出牙齿，初步具有一些咀嚼能力，消化酶也有所增加，所以能够吃的辅食越来越多，身体每天所需要的营养素有一半来自辅食。

由于宝宝已经开始长牙，所以能吃很多东西。妈妈在这一阶段应该发挥的作用，是让辅食的种类在宝宝的胃肠能够接受的范围越多越好，扎扎实实地逐渐使辅食成为宝宝的主食。这一时期宝宝喜欢自己拿着吃，因此可以让宝宝自己拿着吃。

食物应由泥状变成稠糊状

辅食要逐渐从泥状变成稠糊状，即食物中的水分减少，颗粒增粗，不需要过滤或磨碎，喂到宝宝嘴里后，需稍含一下才能吞咽下去，如蛋羹、碎豆腐等，逐渐再给宝宝添加碎青菜、肉松等，让宝宝学习怎样吞咽食物。

7～8个月开始添加肉类

宝宝到了7～8个月后，可以开始添加肉类。适宜先喂容易消化吸收的鸡肉、鱼肉，随着宝宝胃肠消化能力的增强，逐渐添加猪肉、牛肉、动物肝脏等辅食。

让宝宝尝试各种各样的辅食

让宝宝尝试多种不同的辅食，可以使宝宝体味到各种食物的味道，但一天之内添加的两次辅食不宜相同，最好吃混合性食物，如把青菜和鱼做在一起。

给宝宝提供能练习吞咽的食物

这一时期正是宝宝长牙的时候，可以提供一些需要用牙咬的食物，如胡萝卜去皮让宝宝整根地咬，训练宝宝咬的动作，促进长牙，而不仅是让他吃下去。

开始喂宝宝面食

面食中可能含有导致宝宝过敏的物质，通常在6个月前不予添加。但在宝宝6个月后可以开始添加，一般在这时不容易发生过敏反应。

食物要清淡

食物仍然需要保持味淡，不可加入太多的糖、盐及其他调味品，吃起来有淡淡的味道即可。

养成良好的饮食习惯

7~9个月时宝宝已能坐得较稳了，喜欢坐起来吃饭，可把宝宝放在儿童餐椅里让他自己吃辅食，这样有利于宝宝形成良好的进食习惯。

进食量因人而异

每次吃的量要视宝宝的情况而定，不要总与别的宝宝相比，以免发生消化不良。

保持营养素平衡

在每天添加的辅食中，蔬菜是不可缺少的食物。可以开始少尝试吃一些生的食物，如西红柿及水果等。每天添加的辅食，不一定能保证当天所需的营养素，可以在一周内对营养进行平衡，使整体达到身体的营养需要量。

中期辅食添加的方法

每天应该喂2次辅食，辅食最好是稠糊状的食物。7~9个月主要训练宝宝能将食物放在嘴里后动上下颚，并用舌头顶住上颚将食物吞咽下去。

7~9个月食物由稀到稠和由细到粗的变化，可表现在由易于吞咽的稀糊状食物向较稠的糊状食品的转变，比如10倍粥到7倍粥；从细腻的糊状向略有颗粒食物的转变，比如菜泥至菜末，肉泥至肉末的变化。

添加过程	用量
蛋羹	可由半个蛋羹过渡到整个蛋羹
添加肉末的稠粥	每天喂稠粥两次，每次一小碗（6~8汤匙）。一开始可以在粥里加上2~3汤匙菜泥，逐渐增至3~5汤匙，粥里可以加上少许肉末、鱼肉、肉松、豆腐末等
馒头片或饼干	开始让宝宝随意啃馒头片（1/2片）或饼干，训练咀嚼及吞咽动作，刺激牙龈以促进牙齿的发育。母乳（或其他乳品）每天喂2~3次，吃辅食之前应该先喂母乳或奶粉，母乳吸尽了再喂辅食，中间最好隔开一点儿时间，以免添加的半固体辅食影响母乳中的铁质吸收

中期辅食食材

【糙 米】

糙米具有大米4倍以上的维生素B$_1$和维生素E的营养成分，但缺点是不易消化，故在7个月后才开始少量喂食。先用水泡上2~3小时后，再用粉碎机磨碎后使用。

【大 枣】

大枣富含维生素A和维生素C，因为新鲜的大枣容易引起腹泻，所以要在宝宝1岁后再喂食。用水泡后去核捣碎再喂食，等到泡水后煮开食用，剩余的要扔掉。

【大 麦】

不建议在辅食添加初期食用这种坚硬并且易过敏的食物。可以在6个月大后喂大麦茶，但是至少得7个月后再食用大麦煮的粥。

【玉 米】

玉米富含维生素E，对于易过敏的宝宝，等到1岁以后喂食则较稳妥。要去皮磨碎后再行使用，使用时先用开水烫一下会更为安全。

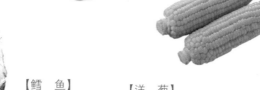

【鳕 鱼】

鳕鱼是最常见的用于辅食制作的海鲜类，富含蛋白质和钙，极少的脂含量，味道也清淡。食用时用开水烫一下后，蒸熟去骨捣碎后即可喂食。

【洋 葱】

洋葱因其味道较浓，宜在添加辅食中后期食用。熟了的洋葱带有甜味，富含蛋白质和钙，所以可在辅食中使用。使用时可切碎后放水中泡去其辣味。

【香 瓜】

香瓜富含维生素A、维生素B₁、维生素B₂，适合在多汗的夏季食用，是水分高的碱性食物。去掉不易消化的籽后去皮捣碎，一般可放粥里煮，8个月大的宝宝可生食。

【鸡 蛋】

蛋黄可以在宝宝7个月后喂食，但蛋白在1岁后喂食为佳。易过敏的宝宝也要在1岁后再喂食蛋黄，每周喂食3个左右。为了去除蛋黄的腥味，可以和洋葱一起配餐食用。

【黄花鱼】

黄花鱼富含易消化吸收的蛋白质，是较好的换乳食材。若是腌制过的可在一岁后喂食。为防营养流失，宜蒸熟后去骨捣碎食用。

【加吉鱼】

加吉鱼不仅含有丰富的蛋白质、容易消化吸收，腥味还少，是常用的换乳食材。蒸熟或煮熟后去骨捣碎即可食用。注意去骨时用卫生手套，既方便又保护自己。

【海带、莼菜】

海带和莼菜富含促进新陈代谢的有机物，是适合冬季食用的易吸收的食材。因为含碘较高，故控制在一天一食。可去掉表面盐分，浸泡1小时后切碎放榨汁机搅碎后使用。

【大 豆】

大豆富含蛋白质和糖类，有助于提高免疫力。易过敏的宝宝宜在1岁后喂食，不能直接浸泡食用，应在水中浸泡半天后去皮磨碎再用于制作辅食的配餐。

【刀 鱼】

避免食用有调料的刀鱼，以免增加宝宝肾脏的负担。喂食宝宝的时候注意那些鱼刺。制做前先用泡米水去其腥味，然后配餐。蒸熟或者煮熟后去刺捣碎即可食用。

【明太鱼】

明太鱼含有大量的蛋白质和氨基酸，很适合成长期的宝宝食用。煮熟后去骨，然后和萝卜一起用榨汁机搅碎食用，鱼汤也可以用作辅食。

【松子】

　　松子是对大脑发育有益的富含脂肪和蛋白质的高热量食品。其中丰富的卵磷脂对身体不适的宝宝很有帮助。易过敏的宝宝要在1岁以后食用。

【哈密瓜】

　　哈密瓜富含钾、无机物、维生素和水，鲜嫩的果肉吃起来味道香甜可口。9个月大的宝宝就可以生吃了。挑选时应选纹理浓密鲜明、下面部位摁下去柔软、根部干燥的。

【黑米】

　　长期食用黑米可以提高身体免疫力，也适合便秘的宝宝。因为它的营养素是来自黑色素中的水溶性物质，所以使用前不要用水泡，简单冲洗后放入榨汁机里搅碎使用。

【酸牛奶】

　　宝宝应选用无糖的酸牛奶或者无脂奶粉。虽然奶粉本身没有食品添加剂，但如果宝宝过敏，也要在满周岁后再喂食。宝宝嫌味道淡的话，可添加西瓜或者哈密瓜等水果后再喂食。

【绿豆】

　　绿豆具备降温、润滑皮肤等作用，对有过敏性皮肤症状的宝宝特别有益。先用凉水浸泡一夜后去皮，或煮熟后用筛子更易去皮。若买的是去皮绿豆可直接磨碎后放粥里食用。

【豆腐】

　　豆腐是辅食里常见的材料，具有高蛋白、低脂肪、味道鲜的特点。易过敏的宝宝要在满1岁后再喂食，可用麻布滤水后再使用。捣碎后和蘑菇或其他蔬菜一起使用，也可不放油煎熟后使用。

【黄豆芽】

　　黄豆芽富含维生素C、蛋白质和无机物。但需留意其头部可能引起过敏，应去掉，可喂食9个月大的宝宝。可去掉较韧的茎部后余烫使用，因其不易熟透，要捣碎后喂食。

【牡蛎】

　　牡蛎中各种营养成分如钙、维生素、蛋白质等含量都高，对于贫血非常有效。煮熟后肉质鲜嫩，冲洗时用盐水，然后用筛子筛后滤水放入粥内煮。

【芝麻】

食用芝麻有助于大脑发育，野芝麻有益于咳嗽或者体质弱的宝宝。宝宝可能拒绝芝麻那浓浓的味道，所以开始时可少量添加。制作时洗净后放锅内炒熟，然后研碎放入粥内食用。

【葡萄干】

葡萄干富含抗氧化成分和促进肠蠕动的果胶成分。但含糖较高，所以要适量喂食。因为它可能呛入气管，所以要切碎后喂食。用凉水泡一段时间后喂食，不仅可去除食品添加剂，还能增添口感。

【婴儿用奶酪】

婴儿用奶酪富含蛋白质、维生素和脂肪，尤其是钙的含量高，蛋白质也容易被消化吸收。1岁前喂食的应该是含盐低、不含人工色素的婴儿用奶酪。若是易敏儿，则要1岁后再喂食。

【茶籽油】

茶籽油可以帮助宝宝提高免疫力，增强胃肠的消化功能，促进钙的吸收，生长期的宝宝很是需要。其中的维生素E和抗氧化成分还可以预防疾病，可以低温烹饪或直接调用。

一眼分辨常用食物的黏度

大米：有少量米粒、倾斜匙可以滴落的5倍粥。

鸡胸脯肉：去筋捣碎后放粥里煮熟。

苹果：去皮和籽后，切碎成3毫米大小的小块。

油菜：开水烫一下菜叶后，切碎成3毫米的段。

胡萝卜：去皮煮熟后，切碎成3毫米大小的小块。

海鲜：去掉壳蒸熟之后捣碎。

10~12个月宝宝的变化

10个月宝宝	
1	能独站10秒钟左右
2	成人拉着宝宝双手他可走上几步
3	穿脱衣服能配合成人
4	能用手指着自己想要的东西
5	喜欢拍手
6	可以打开盖子
7	宝宝会用手指着他想要的东西说"拿"

11个月宝宝	
1	体形逐渐转向幼儿模样
2	牵着宝宝的手他就可以走几步
3	可以自己把握平衡站立一会儿
4	可以自己拿着画笔
5	能用整只手掌握笔在白纸上画出道道
6	向宝宝要东西他会松手

12个月宝宝	
1	宝宝能独自走，并且走得很好
2	能站着朝成人扔球
3	能自己从瓶中取出小丸
4	能用笔在纸上乱画
5	把图画书或者卡片给宝宝，宝宝能按要求用手指对一张图画
6	会自己用勺吃饭
7	能区分自己和别人的身体

后期添加辅食的信号

加快添加辅食的进度

宝宝的活动量会在10个月大后大大增加，但是食量却未随之增长，所以宝宝活动所需的能量已经不能光靠母乳或者奶粉来补充了，这个时候应该添加一定块状的后期辅食来补充宝宝的营养了。

正式开始抓勺的练习

开始表现出独立欲望，自己愿意使用小勺。也对成人所用的筷子感兴趣，想要学使用筷子。即使宝宝使用不熟练，也该多给他们拿小勺练习吃饭的机会。宝宝初期使用的小勺，应该选用像冰激凌匙一样手把处平平的勺。

对于成人食物有了浓厚的兴趣

很多宝宝在10个月大后开始对成人的食物产生了浓厚的兴趣，这也是他们自己独立用小勺吃饭或者用手抓东西吃的欲望开始表现明显的时候了。一旦看到宝宝开始展露这种情况，父母应该使用更多的材料和更多的方法，来喂食宝宝更多的食物。在辅食添加后期，可以尝试喂食宝宝过去因过敏而未食用的食物了。

出现异常排便应暂停添加辅食

宝宝的舌头在10个月大后开始活动自如，能用舌头和上颚捣碾食物后吞食，虽然还不能像成人那样熟练地咀嚼食物，但已可以吃稀饭之类的食物。即便如此，突然开始吃块状的食物还可能会出现消化不良的情况。如果宝宝的大便里出现未消化的食物块时，应放缓添加辅食的进度，先恢复喂食细碎的食物，等到大便不再异常后再恢复原有进度。

后期辅食添加的原则和方法

后期辅食添加的原则

1岁大的宝宝在喂食辅食方面已经省心许多了，不像过去那样脆弱，很多食物都可以喂了，但是妈妈也不可大意，须随时留意宝宝的状态。

这个时间段仍须喂乳品

宝宝在这个时期不仅活动量大，新陈代谢也旺盛，所以必须保证充足的能量。喝一点儿母乳或者奶粉就能补充大量能量，也能补充大脑发育必需的脂肪，所以这个时期母乳和奶粉也是必需的。奶粉可喂到1岁，而母乳的时间可以更长。建议母乳喂养可到2周岁，即使宝宝在吃辅食也不能忽视喂母乳，一天应喂母乳或者奶粉3～4次，总量在600～700毫升之间。

每天3次的辅食应成为主食

若是辅食中期已经有了按时吃饭的习惯，现在则是正式进入一日三餐按时吃饭的时期。此时开始要把辅食当成主食，逐渐增加辅食的量以便得到更多的营养，一次至少补充两种以上的营养群。不能保障每天吃足五大食品群的话，也要保证2～4天均匀吃全各种食品。

后期辅食添加的方法

要养成宝宝一日多餐的模式，每天需要进食6次左右：早晚各1次奶，辅食添加4次。不仅要喂食宝宝糊状的食物，也要及时喂固体食物，以便能及时锻炼宝宝的咀嚼能力，从而更好地向成人食物过渡。

先从喂食较黏稠的粥开始

宝宝对一天2～3次的辅食已经完全适应，排便也看不出来明显异常，足以证明宝宝做好了过渡到后期辅食的准备。从9个月大可开始喂食较稠的粥，如果宝宝不抗拒，改用完整大米熬制的粥。蔬菜可以切得比以前大些，切成5毫米大小，如果宝宝吃这些食物没有异常，证明可以开始喂食后期辅食了。

食材切碎后再使用

这个阶段是开始练习咀嚼的正式时期，不用磨碎大米，应直接使用。其他辅食的各种材料不用再捣碎或者碾碎，一般做成3～5毫米大小的块即可，但一定要煮熟，这样宝宝才容易用牙床咀嚼并且消化那些纤维素较多的蔬菜。使用那些柔嫩的部分给宝宝做辅食，这样既不会引起宝宝的抵抗，也不会引起腹泻。

使用专用餐椅

宝宝除了使用专用的儿童餐具以外，还要在固定的位置进餐。

【面　粉】

　　10个月大的宝宝可以喂食用面粉做的疙瘩汤。为避免过敏，过敏体质的宝宝应该在1岁后开始喂食。做成面条剪成3厘米大小放在海带汤里，宝宝很容易就会喜欢上它。

【虾】

　　虾富含蛋白质和钙，但尤其容易引起过敏，所以越晚喂食越好。过敏体质的宝宝最好1岁大以后喂食。去掉背部的虾线后洗净，煮熟捣碎喂食即可。

【鹌鹑蛋黄】

　　鹌鹑蛋黄中含有3倍于鸡蛋黄的维生素B$_2$，宝宝10个月大开始喂蛋黄，1岁以后再喂蛋白。若是过敏儿，则需等到1岁后再喂。煮熟后则较为容易分开蛋白和蛋黄。

【西红柿】

　　西红柿中含的维生素C和钙最为丰富，但不要一次食用过多，以免便秘。先去皮后捣碎，用筛子滤去纤维素，然后冷冻。使用时可取出和粥一起食用，或者当零食喂。

【葡　萄】

　　葡萄富含维生素B$_1$和维生素B$_2$，还有铁，均有利于宝宝的生长发育。3岁以前不能直接喂食宝宝葡萄粒，应捣碎以后再用小勺一口口地喂。

【红　豆】

　　若宝宝胃肠功能较弱，则应在1岁以后喂食红豆。食用前一定要去除难以消化的皮，可以和有助于消化的南瓜一起搭配食用。

【猪 肉】

应在1岁后开始喂食油脂含量高的猪肉，它富含蛋白质、维生素B₁和矿物质。猪肉肉质鲜嫩，容易消化吸收。制作辅食时先选用里脊，后期再用腿部的肉。

【鸡 肉】

食用鸡肉有益于肌肉和大脑细胞的生长，可给1岁以后的宝宝喂食鸡的任意部位。但油脂较多的鸡翅尽量推迟几岁后吃，可去皮、脂肪、筋后切碎，加水煮熟后喂食。

【面 包】

面包制作原料里的鸡蛋、面粉、牛奶等都容易导致过敏，所以1岁前最好不要喂食。过敏体质的宝宝更要征求医生意见后再食用，要去掉边缘后烤熟再喂，不烤直接喂食容易使面包黏到上颚。

【黄 油】

易过敏的宝宝应在其适应了牛奶后再行尝试喂食黄油。购买时选用天然黄油，不需担心摄入脂肪过多，选择白色无添加色素的。用黄油制作的辅食尤其适合体瘦或发育不良的宝宝。

一眼分辨常用食物的黏度

大米：不用磨碎大米，直接煮3倍粥，也可以用米饭来煮。

鸡胸脯肉：去掉筋煮熟后捣碎。

苹果：去皮切成5毫米大小的块。

油菜：用开水烫一下后，菜叶切成5毫米的碎片。

胡萝卜：去皮切成5毫米大小的块。

海鲜：去皮蒸熟，然后去骨撕成5毫米大小。

13~15个月宝宝的变化

13个月宝宝

1	遇到不喜欢做的事的时候会摇头
2	能够清楚自己的五官在哪儿
3	听到音乐会跟着扭动身体跳舞
4	晚上排尿的次数少了
5	能够把东西从小盒子里面取出来，然后还能够放回去
6	可以自己爬上一些矮的物体
7	能够自己蹲下，然后转为坐着

14个月宝宝

1	走起路来还不太稳，时而会摔跤
2	能够模仿一些动物的叫声
3	能够听懂更多的话了，认识的东西也更多了
4	有时生气了会打人
5	能够看成人的脸色了，对他严肃的时候他会害怕
6	会自己坐在自己的小腿上
7	当遇到成人说的话听不懂时，他会摇头
8	开始喜欢吃自己的小脚了

15个月宝宝

1	走起路来稳多了
2	能够自己从矮的床上爬到地上
3	宝宝对身体各个器官的位置更加了解了
4	开始学会飞吻了
5	能够自己拿小勺吃饭了，但会弄得到处都是
6	会自己拿着玩具电话打电话了
7	能够看懂一些儿童书了，还会模仿书中的故事做动作

结束期添加辅食的信号

臼齿开始生长

    臼齿一般在宝宝1岁后开始生长，已经可以咀嚼吞咽一般的食物了。类似熟胡萝卜硬度的食物，就能够完全消化了，稀饭也可以喂食了。随着消化器官的逐渐成熟，各种过敏性反应开始消失，不能吃的食物也越来越少，能够品尝各式各样的食物了。这时期接触到的食物会影响到宝宝一生的饮食习惯，所以应该让宝宝尝试各类不同味道的食物。

独立吃饭的欲望增强

    自我意识逐渐在这个时期的宝宝身上显现，自主和独立的心理也开始增强，要求自己独立吃饭的欲望也开始增强。肌肉的进一步发育，使得宝宝自己将小勺放入嘴中的动作变得越来越轻松，开始对小勺有了依恋。若是抢走宝宝手中的小勺，宝宝会哭闹。这一段时期的经历会影响到宝宝的一生，所以即使宝宝吃饭会很邋遢，但还是要坚持让宝宝练习自己吃饭。

结束期添加辅食原则与方法

结束期添加辅食的原则

大多1岁大的宝宝已经长了6~8颗牙，咀嚼的能力有了进一步加强，消化能力也好了很多，所以食物的形式也可以有更多的变化。

盐、酱油等调味品在宝宝1岁后已经可以适量使用了，但在15个月以前还是尽量吃些清淡的食物。很多食材本身已经含有盐分和糖分，没必要再调味。宝宝若是嫌食物无味不愿意吃时，可以适量加一些大酱之类的调料，尽量不要使用盐、酱油。给汤调味时可以用酱油或者鱼、海带，因为宝宝一旦习惯甜味就很难戒掉，所以尽量避免在辅食中使用白糖。

结束期添加辅食的方法

宝宝长到1岁以后就可以过渡到以谷类、蔬菜水果、肉蛋、豆类为主的混合饮食了，但早晚还是需要喂奶。

将食物切碎后再喂

即使宝宝已经能够熟练咀嚼和吞咽食物了，但还是要留心块状食物的安全问题。由于能吃块状食物的宝宝很容易因吞咽大块食物而导致窒息，水果类食物可以切成1厘米厚度以内的棒状，让宝宝拿着吃。较韧的肉类食物，要切碎后充分熟透再食用。滑而易咽的葡萄之类的食物应捣碎后喂食。

宝宝1岁以后就可以将辅食变成主食。白天吃3顿，外加早晚各喂一次奶。对于已经断了母乳的宝宝，也要坚持喂食适量的奶粉。

不要过早喂食成人的饭菜

宝宝所吃的食物也可以是饭、菜、汤，但是不能直接喂食成人的食物。喂给宝宝吃的饭要软、汤要淡，菜也要不油腻、不刺激才可以。若是单独做宝宝的饭菜不方便的话，也可以利用成人的菜，但应该在做成人食物时，放置调料之前先取出宝宝吃的量。喂食的时候弄碎再喂，以免卡到宝宝的喉咙。

不必担心进食量的减少

即使以前食量较好的宝宝，到了1岁时也会出现不愿吃饭的现象。饭量减少了，体重也随之不再增加，尤其是出生时体重较高的宝宝更易提早出现这种情况。不必太担心宝宝食欲缺乏和成长减缓，这是骨骼和消化器官发育过程中出现的自然现象，只需留意是否因错误的饮食习惯造成的即可。

每次120~180克为宜

喂乳停止后主要依靠辅食来提供相应的营养成分，所以不仅要有规律地一日三餐，而且要加量。每次吃一碗（婴儿用碗）最为理想，每次吃的量因人而异。但若是距离平均值有很大差距，就应该检查下宝宝的饮食是不是出现了问题。不少时候，因为喝过多的奶或没完全换乳时食量不增。

每天喂食两次加餐

随着宝宝营养需求的增加，零食也成为不可或缺的部分。这段时期每天喂食两次零食为佳，早餐与午餐之间，午餐和晚餐之间各一次。在时间间隔较长的上午，可以选用易产生饱腹感的地瓜或马铃薯，间隔较短的下午可选用水果或奶制品。最好避免喂食高热量、含糖高、油腻的食物，摄入过多的零食会影响正常饮食，需留意。

结束期辅食食材

【薏 米】

宝宝1岁以前不宜食用这种不易消化且易过敏的食物，但它较其他谷类更利于排除体内垃圾和促进新陈代谢，可用有机薏米粉加蜂蜜喂食。

【韭 菜】

韭菜富含蛋白质、维生素A、脂肪和糖，能够帮助消化吸收肉类，具备润肠作用。但味道较浓，1岁后喂食较佳。搭配牛肉或猪肉食用。初次食用应少量。

【西红柿】

西红柿能预防疾病，因为其酸性较大，注意其吃完后易出现口边发疹的现象，适合用橄榄油炒着吃，容易吸取其脂溶性的有益成分。

【牛 肉】

牛肉含有丰富的成长期所需营养，铁的含量极高，有益于预防缺铁性贫血。2周岁前应经常喂食，可食用煮熟的牛排，做汤时选用牛腿肉。

【面 食】

刀切面、意大利面都可以喂食，但因为不容易消化和可能导致过敏，所以应该切成适当长度后喂食。应教会宝宝怎么吃，避免他们不加咀嚼直接吞咽。

【芋头】

芋头富含B族维生素、蛋白质、钙，适合与肉类搭配食用，能够帮助消化。淘米水煮食芋头可有效去除芋头里的毒性和有黏稠成分所带的涩味。应该戴手套处理芋头，以免弄疼手。

【杧果】

杧果中维生素A含量高，果肉鲜嫩，宝宝十分喜爱吃。但可能其含有防腐剂和农药，不宜1岁前食用。购买时要选择表面光滑无黑斑的杧果，可以放入保鲜袋内冷藏1周左右。

【鱿鱼】

鱿鱼的肉质坚韧、不易消化，宜1岁以后再喂食。鱿鱼干较咸，不宜喂食3岁以下的宝宝。如对鱿鱼过敏，也不要喂食章鱼。为保存营养成分，应在高温下快速蒸熟后食用。

【猕猴桃】

猕猴桃富含维生素C、钾、钙、叶酸等营养成分，而且几乎没有农药。但其果酸含量高，易过敏，所以应喂食2岁以上的宝宝。2周岁以前可少量喂食甜味较大的猕猴桃，不用完全蒸熟后再喂食。

【菠萝】

菠萝富含维生素C、果糖、葡萄糖，搭配肉类食用，可帮助消化。带叶保存时，将叶子向下放置，这样有助于甜味散发在全部果肉中，使味道愈加鲜美。

【草莓】

一天所需的维生素C可靠6～7粒草莓补充，但容易引起过敏，不宜2岁前喂食。白糖易破坏其中的B族维生素，不要配合食用，牛奶也不适合一起喂食。食用前要用流水冲洗去表面残存的农药。

【柠檬】

柠檬富含维生素E，有较浓的香味和较多的果酸，易引起过敏，不宜喂食不到2岁的宝宝。切成适当大小或者榨汁，可以保存1个月左右。还可以加柠檬汁到牛奶里去除其特有的腥味。

【蜂蜜】

蜂蜜中的大肠杆菌被肠黏膜吸收后容易引起食物中毒，轻者出现便秘，严重的甚至会造成呼吸困难。添加蜂蜜的饼干或者饮料也绝不能喂食。1岁以后喂食，需要加水稀释或者添加到其他食物里配合食用。

【核桃仁】

核桃仁富含营养大脑和坚固骨骼的脂肪酸。但因核桃仁的皮容易导致过敏，也可能引起窒息，所以不宜喂食1岁以前的宝宝。用水浸泡核桃仁后，可使用牙签去皮磨碎后冷冻保存备用。

【鲜牛奶】

鲜牛奶应在13个月后喂食。对于牛奶过敏的宝宝，奶酪及原味酸奶等奶制品也不能喂食。隔3天喂食100～200毫升，若无异常反应后再加量，但每天的总量不得超过700毫升。

【鸡蛋清】

鸡蛋清的优质高蛋白有助于宝宝发育，但也有较高的过敏成分，1岁前的宝宝不宜食用。煮熟后捣碎混合鸡蛋黄一起喂食，每周3个为宜。

【螃　蟹】

螃蟹含有大量的必需氨基酸，脂肪量几乎为零，非常适合成长期的宝宝。但其甲壳易导致过敏，所以应两岁后再喂食。蒸熟后取其肉捣碎放于粥或者汤里喂食，每次少量喂食。

本阶段宝宝辅食材料加工方法

大米：泡米和水1：2，充分煮开。

鸡蛋：煮熟后剥去蛋皮捣碎。

苹果：去皮切成7毫米的块。

油菜：用开水烫一下后去水，切成7毫米的块。

胡萝卜：去皮切成7毫米的块，轻度煮熟。

海鲜：煮熟后去壳去骨，切成7毫米的块。

第 七 章

必学的日常
养护知识

发　热

比正常体温高1℃有发热的可能性

人体有将体温保持在一定温度的功能。感觉热时会流汗、张开毛孔以释放热量，感觉冷时收缩血管、毛孔，防止热量散失，人体通过这种方式来控制体温。

但是宝宝由于自身的体温调节功能尚未成熟，不能很好地调节和控制体温。另外，因为宝宝的新陈代谢非常活跃，使身体的正常体温偏高。房间中取暖设备所释放的热量、穿着过多、身体活动、洗澡之后等，这些因素都可以促使体温进一步升高。即便如此，宝宝的体温如果比正常时的体温高1℃以上，可能就是由于某种疾病引起的发热。

发热不是很严重但身体出现异常反应时

如果发热宝宝的体温并不是很高，却出现情绪不安、无法摄取水分、脸色不好的情况时，需要引起家长的注意。一旦身体整体状况有异常，应立即前往医院进行检查，与发热的温度没有关系。

高热未必患有重病

宝宝高热常会让家长担忧，但是高热未必就是病情加重。发热本身虽然会给宝宝健康带来一定影响，但如果高热时宝宝仍然情绪正常，食欲稳定，无须过度担心。如果宝宝半夜发热但能喝水并保证睡眠，可以暂时给宝宝身体降温，观察一个晚上再决定是否需要去医院。

宝宝的正常体温是多少

宝宝的正常体温：在肛门处为36.5～37.5℃；在口腔处为36.2～37.3℃；在腋窝处为35.9～37.2℃。当体温超过正常范围0.5℃以上时，称为发热。不超过38℃的称为低热，超过39℃的则为高热。

发热是身体与疾病对抗的指征

宝宝因患某种疾病而发热，很多情况是由于受到病毒性、细菌性等病原体的感染导致的。一旦感染病毒性、细菌性等病原体，体内就会产生免疫物质，血液内也会产生引起发热的物质。

因此，宝宝如果有发热现象，不要过分紧张。同时，发热也成为衡量疾病发展状态的一个指征。医生应根据对宝宝发热过程的检查来判断疾病发展及确认治疗效果。

发生下列情况时需要再次就诊

如感冒之类的常见病引起的发热就诊之后，基本上可采取在家护理的办法。

但是如果发热持续3日以上，症状有恶化的迹象，开始腹泻并伴有发疹等新的症状，单纯患感冒的可能性很低，应再次到医院接受诊治。另外，如果有抽搐、痉挛、无法摄取水分、四肢无力等现象出现时，也应带宝宝再次接受诊治。

就诊指南

暂且观察	稍微有些发热，但情绪正常高热，但可正常摄取水分
应该就诊	发热持续1日以上情绪不佳且没有食欲，感觉与平常不同
及时就诊	无精打采不能摄取水分
紧急救治	无意识发热39℃以上，持续呕吐宝宝未满2个月且发热38℃以上有抽搐或痉挛现象
注意要点	应仔细观察除发热以外的其他症状，在就诊时仔细和医生说明情况。持续发热时可以将变化过程记录下来，在就诊时作为诊断的参考

呕 吐

健康的宝宝也容易呕吐

宝宝的胃并不像成人的胃那样呈弯曲状，而是呈直线形，因胃入口处贲门部分的肌肉柔弱，哺乳后受到腹部压迫，微小的刺激也会造成呕吐。

如果是由于打嗝儿反弹力造成的呕吐，或者哺乳后嘴角溢出乳汁，出现这种情况则无须担心。基本上只要不是严重的呕吐，而且体重正常增加，均属正常现象。

需要引起注意的情况

宝宝因先天性疾病而呕吐的情况也是有的。出院后短期内虽无呕吐现象，这是因为出生后的2周至1个月时疾病才会全面暴发。呕吐物中混有胆汁呈绿色，这时需要引起注意，消化道狭窄或闭锁可能性很大。如果呕吐次数突然增多，同时体重出现不再增加的情况时，应尽早就诊。

要防止婴幼儿出现脱水症状

宝宝在出现呕吐症状后应仔细观察，暂时先不要给他吃任何食物。但是如果反复出现呕吐，身体内的水分就会大量流失，导致脱水，因此在宝宝呕吐后应该注意的是及时补充水分。呕吐后胃通常会比较虚弱，在给宝宝补充水分时要分多次少量进行。但是一旦宝宝出现不喝水、呕吐后极其疲倦，很可能是脱水的表现，需要立即送往医院救治。

重大疾病必须立即就诊

由病毒性疾病引起的呕吐，其特征是恶心持续时间短，如果可以补充水分则无须过分紧张。需要特别引起注意的是，在头部遭到打击之后的呕吐，并且伴有高热，情绪十分低落，意识比较模糊。突然呕吐并剧烈哭泣，暂时好转后再次开始大哭不止，此种情况反复发生时应立即前往医院就诊。

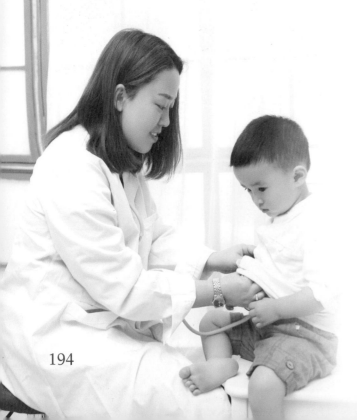

就诊指南

暂且观察	不呕吐时比较有精神 轻微呕吐但无其他异常表现
应该就诊	哺乳后有喷射状呕吐 伴有打喷嚏、流鼻涕、鼻塞 有发热症状 持续呕吐和腹泻 排尿、排便的次数及量减少 体重无明显增加
及时就诊	持续呕吐、疲倦
紧急救治	高热、疲倦、意识障碍 间隔10～30分钟剧烈哭泣 头部受到打击后呕吐
注意要点	就诊时需向医生说明呕吐次数及 呕吐物的颜色。如有腹泻、发热 等其他症状也需向医生说明

宝宝发生抽搐多伴有发热症状

突然身体僵硬、意识丧失、双眼上翻、身体一阵阵抖动称为"抽搐"或"痉挛"。抽搐是因某种原因脑神经受到刺激，不受意志支配而肌肉抖动。

宝宝的抽搐多半是伴有发热的热性痉挛。因感冒发热时，很多情况是由于高热而引起的抽搐，持续数分钟，没有后遗症。但是初次抽搐时应前往医院就诊以查明原因及确定是否与疾病无关。

没有发热症状的抽搐也应引起重视

没有发热症状的抽搐发生时，可能是癫痫或者头部受到击打后引起的颅内出血，应立即前往医院就诊。

除此之外，还有剧烈哭泣时神志不清、脸色发青的抽搐症状，这称为"愤怒痉挛"或者"哭泣抽搐"。因剧烈哭泣引发的瞬间无法呼吸，约持续1分钟，无后遗症，所以不用过度担心。

注意抽搐的时间和状态

伴有发热的抽搐需要引起注意的是，持续时间超过5分钟、伴有呕吐现象，只有单侧手脚出现痉挛，抽搐结束后神志不清、身体有麻痹部位，反复发作等。这样的情况不是单纯性热性痉挛，是脑膜炎、急性脑炎，应前往医院就诊。

就诊指南

暂且观察	剧烈哭泣时发生抽搐现象
应该就诊	5～6分钟内抽搐停止、精神状态正常； 以前曾被诊断有过热性痉挛
及时就诊	初次抽搐； 抽搐反复发作
紧急救治	抽搐持续5分钟以上； 体温正常情况下发生抽搐； 痉挛发生时身体两侧有偏差； 抽搐停止后意识无法恢复正常、神志不清、手脚麻痹； 头部受到打击后发生抽搐
注意要点	发生抽搐时，要注意观察宝宝状态并且留意发作时间，在就诊时向医生说明情况

大便的颜色

红色大便、黑色大便和白色大便

当有红色大便出现时要特别注意。如果是西红柿等红色食物直接从大便中排出，就无须太担心。但是如果出现鲜红色大便，其中混有大量血液时，很可能是消化道出血，应立即前往医院接受治疗。如果大便中隐约混有少量血，也可能是肛门磨破出血所致，最好去医院确诊病因。

当有红黑色焦油状大便出现时，可能是因出血所致。胃、十二指肠等上部的消化道如果出血，到大便排出这段时间内血液被氧化形成红黑色，这种情况应该前往医院就诊。

有白色大便出现时，可能是胆道闭锁症等先天性疾病引起。

另外，如果是持续呕吐开始腹泻，大便呈白色水状物，则可能是感染了人类轮状病毒的急性肠胃炎。这很容易引起脱水症状，应立刻前往医院。

健康的大便也会有变化

虽然有个体差异，但是宝宝正常大便的颜色一般呈黄褐色。

有的宝宝大便呈绿色，这是由于大便中含有的物质在肠内氧化所致，不是异常现象，所以无须过度担心。

另外，换乳期开始食用食物后，有时大便中会直接排出此种食物，这是没有充分消化引起的，只要不是腹泻，则不属于疾病。

就诊指南

暂且观察	情绪良好
应该就诊	大便颜色偏白 大便中混有少量血
及时就诊	淘米水样、白色水样大便频繁 大便中有大量血 大便呈黑色
注意要点	大便颜色异常时应携带沾有大便的尿布前往医院就诊。另外，应向医生说明是否有其他症状、精神状态、食欲等情况

授乳期宝宝的大便

新生儿

开始喝母乳后,会排出湿湿的黄色稀便。这种情况会持续一段时间。

只要喝奶粉就排便,混着白色颗粒的黄色便。水分多,会渗入尿布。

清黄色便,混着白粒,水分较多,呈稀便。

1个月

喝奶时排便的情况增多,大便的颜色接近橙色,有时还混着颗粒。

平时排稍稀的便,偶尔还会排硬便。半夜授乳后也会排便。

时有便秘发生,每3~4天排1次便。深土黄色,混着绿色或白色颗粒。

便 秘

大便硬且无法顺利排出

如果不排便也许是便秘，但不能仅凭是否每日排便来判断是不是便秘。排便的次数会因宝宝个体的差异而有所不同。

便秘指大便硬结无法顺利排出体外，排便困难而且伴有痛感。如果宝宝精神状态良好并且食欲正常，每2～3日顺利排便1次，这是宝宝自身排便的正常规律。如果每日都排便，但是大便硬且伴有痛感则是便秘。

排便时间长

如果大便在肠内停留时间过长，就会因为水分被吸收而变硬，排便时造成肛裂，而因疼痛不排便又发展成顽固性便秘，腹胀难耐。月龄低且母乳哺喂的宝宝如果便秘、精神不佳、体重增加缓慢，可能是母乳哺乳不足或者是营养不良所造成的后果。

另外，换乳期喂食的宝宝也可能是因为摄入食物中食物纤维含量不足或者水分不足而造成便秘。

可能患有先天性异常

不是很常见的一种情况，便秘可能是因为肠的形态、功能存在异常导致的。先天性异常应及时在宝宝出生后经产院、医院检查，如果顽固性便秘反复发生1周以上，则应接受诊治。

就诊指南

暂且观察	精神状态、食欲与平时相差无几 便秘在3日以内
应该就诊	腹部剧烈疼痛 便秘持续1周以上并反复发作 腹胀难耐 排便时哭泣 大便硬、肛门反复出血时排出血便 便色发黑且呈血便状
及时就诊	腹部剧烈疼痛 灌肠时排出血便 便色发黑且呈血便状
注意要点	顽固性便秘时，如果精神状态、食欲与平时相比有异常应前往医院就诊。 有血便时应携带尿布给医生作为参考

注意宝宝的排便状态和排便次数

宝宝排便的次数是有个体差异的，健康的宝宝有的可能一天内排便几次，也有的可能2～3天才排便一次。如果因为便秘造成宝宝没精神、食欲缺乏，可以通过按摩来促进排便。同时检查一下给宝宝喂的牛奶或者换乳期食物是否足量，另外多给宝宝准备一些含食物纤维比较丰富的食物。

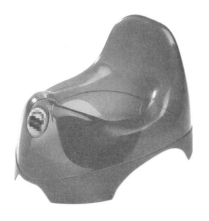

199

排　尿

排尿量和次数减少时很可能是脱水

对于排尿首先能引起注意的是排尿量和次数减少。伴有腹泻和呕吐的疾病时，通常会从体内排出大量水分，而摄入水分减少，这样就很容易导致脱水。如果有唇干、疲倦等症状应立即去医院。如果是夏季排汗量多导致排尿量的减少，在精神状态和食欲正常的情况下无须担心。

尿频并发热可能是尿路感染

排尿次数增多是尿路感染的特征之一。排尿时伴有痛感，每次排尿量很少并且频繁。如果有尿频、突然发热且无咳嗽、流鼻涕的症状，排尿后哭泣等现象应尽早就医。

多关注宝宝的尿量和颜色的变化

宝宝的排尿量、颜色和摄入的水分、出汗、身体状况有着密切的关系，在摄入牛奶、水分比较充足的食物时尿量比较多而且颜色淡。相反，如果水分摄入不足、天气热排汗多，尿量就变少且呈深黄色。

虽然每个宝宝在一天里排尿的次数都不同，但是如果半日内没有排尿，就需要引起家长们的注意。另外，发现宝宝排尿时有疼痛感、眼睑和手脚有水肿的现象时，要尽早就医。尽量给宝宝补充水分，创造一个安静的环境。

就诊指南

暂且观察	尿布上渗有红色血迹，尿量无变化 排尿次数增多且排尿时伴有痛感
应该就诊	排尿量减少，颜色异常 排尿时哭泣，表现出厌恶 排尿次数急剧增加 排尿时尿液中有深色污物、脓等排出
及时就诊	排尿次数多，经常要喝水，精神状态不佳，有发热症状 排尿次数急剧减少，无法摄入水分
注意要点	由于使用尿布，所以很难注意到尿液的异常，所以在换尿布的时候要多注意观察尿液的状态

眼

眼部分泌物多应该就诊

眼部患有疾病最常见的就是眼睛充血和眼部分泌物增多，是因为感染了病毒或细菌造成的眼部异常现象。宝宝经常由于鼻泪管狭窄，眼泪无法从鼻子顺利流出而形成眼部分泌物。这种不是由于疾病引起的眼部分泌物，无须过分担心。但是如果发现眼部分泌物突然增多，甚至造成早晨无法睁开眼睛，这很可能是已经患有某种疾病。应尽早去儿科或者眼科接受检查。

应注意其他症状

眼睛充血、眼部分泌物增多也可能是患有眼部以外的其他疾病。如川崎病、溶血性链球菌感染等病的症状之一，就是眼睛充血，而麻疹、咽喉结膜热等疾病的显著症状就是眼部分泌物增多。不仅应该注意眼部症状，同时也应该多留心是否有发热、皮疹等其他症状。尿路感染除有以上症状外，有时还伴有发热现象，但很容易被忽略。同时又属于易复发的疾病，如果有尿频、突然发热且无咳嗽、流鼻涕的症状，或排尿后出现哭泣等现象应尽早就医。

应仔细观察瞳仁、眼白的状态

患病时，瞳仁和眼白也会有所变化，因此也应引起注意。常见的是眼白常常有黄色附着，巩膜变得混浊等现象。如果有此种现象应接受诊查。

就诊指南

暂且观察	白色眼部分泌物只在早晨出现，很容易擦去 无发热、皮疹现象，精神状况一切正常 瞳仁向内侧或外侧靠近
及时就诊	眼部有异物进入无法取出 眼睑红肿
紧急救治	眼部分泌物增多，有痛感和痒感 眼部充血严重 怕见光 眼白有黄色附着
注意要点	就诊时应向医生说明眼部充血程度、眼部分泌物的量及是否有发热、皮疹等其他症状

耳

多留心宝宝的耳部疾病

　　宝宝很容易感染中耳炎、外耳炎等耳部疾病。耳朵连接着咽喉、鼻、耳管，但由于宝宝耳管相对较短，当患有感冒等感染症时，病毒、细菌很容易通过耳管进入中耳腔而引起中耳炎。如果宝宝吐的母乳、牛奶等进入耳朵，也很容易引起外耳炎。

　　但是宝宝对于耳部的疼痛却无法表述，所以耳部疾病很容易被忽视。家长在发现宝宝有频繁碰触耳朵，或者当碰触耳朵时宝宝的情绪、精神有异常时应引起注意。

听力有问题应去耳鼻喉科就诊

　　关于耳部还有一个需要注意的问题是听力。特别是轻微的听力障碍很容易被忽视，如果任其发展就会对语言的发展造成影响，应尽早就医。

　　如果宝宝有对声音反应迟钝，从背后呼唤没有反应等异常现象时，应引起重视并前往耳鼻喉科就诊。

耳部形态异常可能要手术治疗

　　耳朵小，或者外翻、内翻等有异常形状称为耳部形态异常。如果内耳或外耳形态异常很可能影响听力，需接受检查或者进行整形手术。当发现宝宝出现耳部形态异常时，可以前往小儿科或者整形科接受检查。

就诊指南

暂且观察	偶尔有耳漏现象，但是无疼痛或发热 听力正常 没有经常碰触耳朵的动作
应该就诊	对大声音没反应应引起注意 可以感觉到耳朵疼痛 有发热、耳漏症状 耳部形状异常
紧急救治	头部受到强力打击后 耳部有髓液（透明液体）流出
注意要点	感冒之后很容易患中耳炎，所以家长应注意观察。如果宝宝在感冒病愈之后有频繁碰触耳朵或者精神状态不佳等情况，应前往医院就诊

舌头异常可能患有的疾病

川崎病、溶血性链球菌感染症发生时，在舌头部位会出现独特症状。舌头出现红色粒状物，呈草莓状，并伴有发热、皮疹等现象。如果舌头呈草莓状则需要就诊。

还有一种情况与舌头呈草莓状不同，是舌头一部分呈红色，一部分呈白色，如地图般，这种情况称为地图状舌，患病后体力会明显下降。因其病因不明，无须特殊治疗，为确诊是否还患有其他疾病，最好接受一次检查。

饮食量下降可能是口腔内有炎症

宝宝易感染的疾病中，手足口病、疱疹性咽峡炎的症状之一就是口内发疹并有炎症。口内发疹、发炎常会引起疼痛，造成宝宝食欲缺乏，症状严重的时候甚至会造成无法摄入水分导致脱水。当发现宝宝食欲缺乏或口内有发疹或发炎现象时，应尽早就医。

脸颊内侧、舌部呈白色

月龄低的宝宝如果脸颊内侧、舌头表面有白色斑点出现，外观像母乳或牛奶沾上的痕迹却无法擦掉，这是由一种白色念珠菌引起的真菌性口炎。严重情况下疼痛会造成宝宝厌恶哺乳。真菌性口炎药物治疗效果很快，如果发现宝宝出现此种白色斑点可前往儿科就诊。

就诊指南

应该就诊	口内有溃疡、水疱，疼痛、食欲下降 舌头出现红色粒状物呈草莓状 脸颊内侧、舌头表面出现白色斑点 舌头出现白色、红色呈地图状
及时就诊	无法摄入水分、没有精神、体重降低
注意要点	从口中可以看到口内有炎症时，应注意观察发炎部位、炎症种类及疼痛时间。同时还应向医生讲述清楚是否还有发热等其他症状

牙 齿

出生后6个月左右乳牙开始生长

其实当宝宝在母亲肚子里的时候牙齿就开始形成。乳牙大约在怀孕7周时开始形成，一部分恒牙则是在整个怀孕过程中形成。

乳牙出牙的时间由于个体差异有所不同，一般来说是在出生后6个月左右。先从下面的门牙开始出牙，到3岁左右上下共20颗的牙齿全部长齐。

有的宝宝出生时就长有牙齿

出生时就长有牙齿（先天齿）或者出生后不久就开始出牙（新生儿齿）的情况很少见。乳牙出牙过早容易造成出牙多或者妨碍母乳、牛奶的喂养，甚至划伤舌头造成无法哺乳的情况。这时应前往儿科就诊。

与先天齿、新生儿齿不同的另一种情况是在乳牙出牙前，宝宝的牙龈部位出现白色粒状物，这是一种叫作上皮珍珠的现象。此物质并不是乳牙，而是牙齿形成时残留的组织。随着乳牙的生长能自然脱落，无须担心。

龋齿的预防和检查

乳牙表面的牙釉质、象牙质只占到恒牙一半的厚度，因此一旦发生龋齿，其发展速度是很快的。另外，一颗牙齿发生龋齿，很容易使其他牙齿也发生这种现象。开始换牙时，如果乳牙的龋齿得不到治疗，也会影响新牙，因此在换牙时要注意保持口腔清洁。上下门牙一长齐就可以刷牙，以预防龋齿发生。

另外，1岁半时的健康检查、3岁健康检查都有牙齿检查项目，3岁以后应该定期接受齿科检查，这对于龋齿的早期发现都有很大帮助。

就诊指南

暂且观察	牙龈有白色粒状物出现
及时就诊	出生时已经长有牙齿 出生不久开始出牙
注意要点	开始出牙就应该注意保持口腔清洁。经常检查牙齿情况，如果发现牙齿有变黑或褐色的情况应前往儿科就诊

如果给蛀牙比较多的宝宝嚼木糖醇口香糖，在一定程度上可以预防蛀牙。如果宝宝因为某种原因而不能刷牙，或是经常吃甜食，可以在一定阶段内使用木糖醇。

手、足

成长过程中很容易发生肘内障　就诊指南

宝宝的骨、关节都处于未完全发育成熟的状态，受到过大力量的牵引时很容易造成伤害。

如突然大力拽宝宝的手时很容易引起肘内障。肘部受到剧烈牵引，造成韧带与骨脱离，韧带等关节周围组织未成熟也容易造成脱落。宝宝手腕向下拽拉无法上提，这种情况可能是肘内障。

暂且观察	站立时双膝之间有空隙
应该就诊	手指呈弯曲状无法伸直 仰卧时双腿伸直打开困难 双足足底向内侧翻
及时就诊	手腕下垂无法抬起
注意要点	手脚的形状如果发现异常或手脚疼痛无法活动时应尽早就诊

生殖器

应保持阴部的日常清洁

生殖器疾病通常可分为龟头包皮炎、外阴部阴道炎等感染症，还有包茎等形态异常、阴囊水肿、隐睾症等外科疾病。由于生殖器靠近肛门，容易因不洁引起感染症。因此，为预防感染症的发生就要注意保持日常卫生清洁，如果有感染征兆应尽早前往儿科就诊。

宝宝阴茎包皮过长是常见现象

宝宝生殖器形态异常可能是阴茎包皮过长。

阴茎包皮过长也就是包茎，阴茎前端的龟头经常是处于包皮覆盖状态，到青春期包皮会自然松脱露出龟头。宝宝期有包茎现象是很普通的，排尿时龟头鼓起。如果排尿时尿液向四周飞溅，可能有先天性异常引起的包茎现象，应前往儿科或小儿外科就诊。

定期健康检查也能发现疾病

阴囊积水引起阴囊水肿、阴囊中容纳睾丸形成的隐睾症等疾病，在定期健康检查中也能发现，所以应定期体检。

就诊指南

男孩	
应该就诊	阴茎前端红肿 排尿时有疼痛感 阴囊内没有睾丸 生殖器形状、构造异常
及时就诊	阴囊红肿疼痛，剧烈哭泣 尿布上沾有血、脓
女孩	
应该就诊	外阴部红肿 有红色细小粒状物出现 生殖器形状、构造异常 有黄色脓状物流出

食欲下降

健康，但是食欲缺乏

因个人体质不同，在饮食量上多少都有差别，所以无法仅根据饮食量来判断健康状况。偶尔可能会因为天气炎热或者活动过多而导致疲劳，引起没有食欲，只要宝宝体重正常增加、精神状况良好就无须担心。

但是如果有体重减轻、食欲突然下降、精神状况不佳的情况出现，则很可能是患有某种疾病导致的。

突然食欲下降可能是因为患病

食欲下降、体重下降很可能是心脏方面的问题。这时应对照《母子健康手册》看看宝宝的发育曲线是否正常。

如果是突然厌恶饮食，可能是由于口内发炎引起的疼痛造成食欲下降。此时应检查宝宝的口腔情况。

另外，感冒也能引起食欲下降。如果宝宝突然食欲下降，家长应注意宝宝的行为是否正常。

就诊指南

暂且观察	没有异常症状
及时就诊	无法摄入水分、疲倦、食欲下降
应该就诊	饮食量下降、体重下降厌恶饮食 有发热、咳嗽、流鼻涕等症状，没有食欲
注意要点	突然食欲下降并伴有发热、腹泻、呕吐等症状，体重下降时应该就诊

哭泣方式

哭泣不止时对宝宝进行身体检查

无法用语言表达自己意志的宝宝，只能用哭泣来表达自己的各种要求。比如饿了、困了、想让妈妈抱抱、想玩游戏等等。虽然家长可能开始时并不了解宝宝哭泣时要表达的意思，但是根据日常的行为表现可以推断出来。

但是如果宝宝哭泣时哺乳或者哄抱都无法使其安静下来，很可能是患病的表现。家长应观察宝宝是否有发热或者其他身体异常。

哭泣方式和平时不同的时候

如果发现宝宝有异常的剧烈哭泣、哭泣无力、在某种特定动作时哭泣等状况时应引起家长重视。如果有发热现象，或者没有精神、哭泣声音微弱，可能是脑膜炎或脑炎。如果是哺乳或者要给宝宝喂食时宝宝哭泣，则可能是口内有炎症。如果一碰触耳朵宝宝就哭泣可能是中耳炎。

与平时的哭泣相比异常时很可能是由于疾病的关系，因此家长应注意观察宝宝的举动。

就诊指南

暂且观察	精神状态不佳、无其他症状
应该就诊	给宝宝喂食时哭泣 碰触宝宝耳朵时哭泣 排尿时哭泣 大便硬、排便时哭泣 大腿根部有柔软的肿块、碰触时哭泣
及时就诊	手腕下垂无法抬起、碰触时哭泣 手脚、身体受到强力打击红肿、一碰触就哭泣
紧急救治	发热、无精神、哭泣声音微弱 每隔10～15分钟剧烈哭泣、有便血现象
注意要点	宝宝哭泣的原因有很多种，但基本上都是有理由的。因此，如果发现宝宝的哭泣和平时比有异常，则应该多注意观察其行为

腹　泻

大便松软和腹泻是不同的

　　有的宝宝平时的大便就比较松软，而在换乳期开始吃的新食物中，如果含水分比较多，就很容易使大便更加松软。这和我们所说的腹泻完全是两回事，无须担心。

　　但是如果宝宝的大便中混有血或者黏液、闻起来有酸味或者恶臭，或者大便呈淘米水样、有剧烈腹泻呕吐、体重不增加等现象时，很可能是患有某种疾病，应该立即就诊。

预防脱水和臀部长斑疹

　　宝宝腹泻时护理的重点，要放在预防发生脱水和保持臀部的清洁上。

　　腹泻会造成体内的大量水分同大便一起排出，这时一定要给宝宝及时补充水分。另外，还要勤给宝宝换尿布，防止尿布疹的发生。平常可用淋浴喷头或面盆给宝宝冲洗臀部保持臀部的清洁。

护理要点

补充水分最为关键

　　腹泻会导致身体内的水分不断地流失，很容易引起脱水症状的发生，这时候一定要给宝宝及时补充水分，可以给宝宝喝些白开水、宝宝专用饮料等。

不能给宝宝喝过于寒凉的东西

　　太凉的饮品容易刺激胃肠道从而加重腹泻，因此，家长们应该尽量避免给宝宝喝刚从冰箱里拿出来的饮品，最好选择和室温相近的比较温和的饮品。

母乳、牛奶可像往常一样喂食

　　母乳和牛奶可以正常给宝宝喝，但是如果宝宝出现不太想进食的情况时，可以暂时先停一小段时间，然后再用多次、少量的方法喂给宝宝。

不能随意把牛奶冲淡

　　宝宝在出现腹泻的情况下，给宝宝喂牛奶的基本原则还是要按照平时的浓度，而不能仅凭妈妈的判断，随意改变牛奶的浓度。如果有其他疑问，可以咨询相关医护人员。

勤给宝宝换尿布

宝宝持续腹泻时，屁股上常常会变红溃烂，这时候一定要勤检查宝宝的尿布，发现脏了应立刻换上新的尿布，尽量缩短大便与皮肤的接触时间。

换新尿布之前擦干宝宝的小屁股

如果宝宝的小屁股还潮湿的时候，就换上新尿布，很容易引起发炎，所以一定要用软毛巾、纱布把水分吸收干净，或者用吹风机的暖风吹干宝宝的小屁股。

清洗臀部最好用流水冲洗

如果用毛巾擦拭很容易擦破宝宝的屁股造成发炎，所以最好利用浴缸或者淋浴水冲洗。清洗时特别要注意仔细洗净肛门周围、大腿内侧的皮肤褶皱处。

尿布疹反复发作时一定要就医

腹泻时很容易引起臀部起斑疹，并且病情发展迅速，如果反复发作，一定要咨询医生，而不能根据自己的判断随便用药。

选择容易消化的食物

换乳初期要避免给宝宝吃脂肪含量比较多的肉类食品，可以选择如粥、煮烂的乌冬面、菜粥等淀粉含量较高的食物，并且要多次少量喂食。

就诊指南

暂且观察	大便比平时稍微松软 一天内的排便次数比平时平均多1~2次
应该就诊	大便比平时松软且排便次数明显增多 精神状态不佳，食欲缺乏 腹泻持续时间超过1周 大便中混有少量血迹且有一股酸味
及时就诊	不能正常摄入水分 除腹泻外还有发热、剧烈呕吐、腹痛、血便等症状 大便呈偏白色 大便有异臭、恶臭
紧急救治	剧烈腹泻、呕吐 腹泻后精神状态不佳、排尿量减少 月龄不满2个月的宝宝出现38℃以上高热 除腹泻外，还出现发绀、痉挛现象
注意要点	就诊时要向医生仔细说明宝宝腹泻的次数、大便的状态、精神状况以及食欲如何，除此之外还要讲明宝宝是否有发热、呕吐的症状。就诊时最好携带沾有大便的尿布作为诊断参考

咳　嗽

咳嗽是为了把痰咳出来

喉咙受到感冒病毒感染而发炎时，异物、灰尘等就会沾在支气管的黏膜上，然后黏膜分泌出来的分泌物逐渐增多又会阻塞支气管。这些分泌物就是痰，而咳嗽正是为了把痰以及喉咙内部的异物向外排出的一种身体防御性反应。

同时，宝宝的喉咙黏膜又非常敏感，气温稍微降低也会引发咳嗽。如果宝宝只是单纯性咳嗽而没有其他症状，暂且不需要担心。但是如果出现持续咳嗽，并且无法入睡，这时一定要尽早就医。

给宝宝创造一个舒适的环境

家里如果有经常咳嗽或者患有支气管哮喘的宝宝，我们就要尽量保持室内整洁，仔细清扫灰尘、真菌能够藏身的地方。宝宝的床单、毛巾等也尽可能地使用棉制品，而且要经常换洗，另外还要经常晾晒被褥，并且把毛绒玩具、室内观赏植物、宠物等放在远离宝宝的地方。

经常开窗通风，也可以使用加湿器，使室内保持一定的湿度。最后要补充的一点是绝对不能在宝宝身边吸烟。

护理要点

给宝宝喝水有利于消痰

宝宝咳嗽的时候喂一些温水或者饮品能够润湿喉咙，帮助呼吸更加顺畅。家长可以在宝宝不咳嗽的时候适量喂一些温水，有止咳化痰的功效。

帮宝宝缓解咳嗽症状

宝宝持续咳嗽不止时，可以竖着把他抱起来，轻轻地抚摩或拍宝宝的后背，这样多少也能让宝宝感觉舒服和安心。

宝宝睡觉时要垫高上身

宝宝在睡觉时，上半身稍微垫高一点能让他觉得更舒服。

避免室内干燥

室内过于干燥容易引发咳嗽加剧，因此在室内湿度比较低的时候，我们可以使用加湿器或者采取在室内晾衣服的办法来调节湿度，给宝宝创造一个舒适的空间。

准备一些容易消化的食物给宝宝

宝宝咳嗽时可能引起食欲不振，这时候要给他准备一些容易吞咽、消化的食物。注意不要喂生冷的食物，容易刺激气管和食管，最好选择一些温热的食物。

一定要禁烟

香烟的烟雾不仅有害健康，还容易刺激气管引发咳嗽，因此宝宝咳嗽的时候就更需要爸爸的关心爱护。

注意用法和用量

现在市面上出售的一些止咳、顺畅呼吸的涂抹药膏效果还不错，但是在给宝宝使用之前一定要仔细咨询、听取医生的意见。

多开窗，让新鲜的空气流通

室内应该经常通风换气，这样有利于新鲜空气的流通。特别是冬天更要注意勤开窗，也可以使用空气清新剂。

勤打扫、保持室内环境整洁

宝宝咳嗽的时候如果吸入了灰尘，很容易使咳嗽加剧。妈妈们在打扫房间时一定要彻底，特别是电视机等电器、床、被褥等比较容易积灰的地方，更是要细心打扫。

就诊指南

暂且观察	轻微持续咳嗽
应该就诊	有发热、流鼻涕、腹泻、呕吐等症状，但精神状态良好
	有咳嗽症状，但可以正常入睡
	长时间持续咳嗽，但是精神状态良好
及时就诊	呼吸时胸部剧烈起伏，呼吸困难
	喉咙好像被堵塞一样突然剧烈咳嗽不止
	一天内反复出现剧烈咳嗽，不能正常进食
	胸部剧烈起伏、呼吸极度困难
紧急救治	出现发绀现象、呼吸困难
注意要点	白天宝宝轻微地咳嗽，到了夜里很容易恶化，如果发现有异常症状一定要及时就诊。就诊时向医生说明咳嗽的声音和是否有过敏症状，以及体温变化的一些情况

发 疹

宝宝生病常常伴随有发疹症状

发疹可以分为皮肤疾病引起的发疹和某种疾病引起的发疹两种。宝宝生病时常会伴有发疹，这也是宝宝疾病的特征之一。

家长在发现宝宝有发疹现象时要做好记录，包括每隔2个小时测一次体温，观察疹子的扩散速度、面积、颜色、形状以及发疹部位等。另外，有发疹症状的疾病一般传染性比较强，而且病情发展速度快，一定要做好早期的护理和预防工作，避免传染给其他宝宝。

皮肤疾病的预防和护理关键是清洁

宝宝在发疹时护理的关键点之一是要做好清洁和止痒工作。宝宝的新陈代谢要比成人快，因此皮肤也很容易堆积污垢，这时候如果再加上发热、发疹，肯定很不舒服。常给宝宝洗澡，冲掉身上的汗、污垢，宝宝的心情也一定会愉快。

护理要点

检查一下宝宝是否发热

发现宝宝有发疹症状，首先要检查一下宝宝是否发热，出疹是在发热之前还是之后。如果宝宝发热，要及时去医院检查。要特别注意是否属于传染类发疹，如果是的话一定要做好保护和预防工作。

宝宝退热了才可以洗澡

汗液和污垢都会增加瘙痒感，在宝宝退热后如果精神还不错，可以用温水给宝宝冲个澡，但注意一定要用毛巾吸干身上的水。

要把宝宝的指甲剪短

宝宝感觉到痒痒的时候就会用手抓疹子，很容易抓破并造成症状恶化。这时最好的办法就是把宝宝的指甲剪得短短的，防止他用手抓。

注意宝宝内衣的选择

我们在给宝宝选择内衣时要尽量选择对皮肤刺激小的面料。如果疹子溃烂或被抓破，会有分泌液流出来，所以一定要勤给宝宝换内衣。

给宝宝洗澡时一定要用浴液打出丰富的泡沫再涂抹，宝宝的肌肤很娇嫩，如果用浴巾又很容易擦破疹子，所以妈妈最好用指腹轻轻地擦。

皮肤的作用

皮肤从表皮开始依次为表皮、真皮、皮下组织这3层。表皮代谢周期约为28天，皮肤的作用大致可分为以下5种。

1.保护体表。保护身体内部免受物理刺激，防止细菌或异物的侵入。

2.防止体内水分流失。防止生存所需必要水分的蒸发。

3.保持体温。功效相当于隔热材料，在气温变化的情况下使体温保持在一定温度。

4.感觉刺激。感知温度、疼痛、压力、触觉等刺激并向脊髓、大脑传递。

5.维持免疫力。将侵入体内的异物向体外排出。

皮肤的构造及作用对于成人和宝宝来说都是相同的。但是宝宝的皮肤较薄而且功能尚未发育完全，对于外界的刺激抵抗能力较弱。保持宝宝肌肤健康需要注意清洁、保湿等方面，在清洗和碰触宝宝肌肤时要轻柔。在空气干燥的季节里如果能使用加湿器，这对于肌肤润泽、健康大有益处。

皮肤的构造

皮肤的主要作用是防止受到外界的刺激，而占皮肤95%的真皮可以说是大量地集中了血管、神经的重要部位。皮下组织是聚积脂肪、产生能量的部位。

就诊指南

暂且观察	初次就诊诊断结果为发疹、暂时没有其他症状
应该就诊	有发疹症状、体温正常 有咳嗽、流鼻涕等症状 眼部有充血现象 手、脚水肿 症状已经持续了一段时间
及时就诊	持续高热不退、舌头上有红色粒状物、眼部充血 无法正常摄入水分、有脱水症状 全身有出疹现象、咳嗽
紧急救治	出现痉挛 呕吐后开始出现意识模糊
注意要点	就诊时要向医生详细说明宝宝发热的温度，发疹的部位、颜色、形状以及最初的出疹状况。由于这种疾病多为传染性疾病，在就诊前一定要先和医生预约

流鼻涕、鼻塞

如何能让宝宝的鼻子通畅

宝宝的鼻黏膜非常敏感，早晚的凉风、气温的变化、灰尘的刺激都可能导致宝宝流鼻涕。但都是暂时的，只要保暖措施得当，室内温度适宜就会好。

但是如果宝宝一整天都持续流鼻涕、鼻塞，很可能是感冒引起的。鼻塞会对喝奶、睡眠产生影响，所以这个时候要经常给宝宝擦鼻涕。另外，还要注意保持室内湿度，防止干燥。

护理要点

要用湿的纱布给宝宝擦鼻涕

宝宝的皮肤很娇嫩，如果用干的纱布、纸巾擦鼻涕很容易把皮肤擦红，所以要用湿润的纱布拧干后轻轻擦拭。

用专用吸管吸出鼻涕

鼻涕如果不擦很容易引起鼻黏膜发炎，如果宝宝的鼻涕比较多，可以用专用吸管吸出来或者用棉棒轻轻吸取，妈妈用嘴吸也可以。

利用热毛巾的蒸汽疏通鼻孔

将热毛巾放在鼻根处，热气就会疏通堵塞的鼻孔。用热水浸湿毛巾，或者将湿毛巾放入微波炉内加热都可以，一定不要温度过高，以免烫伤宝宝。

用棉棒疏通鼻孔

如果鼻涕凝固堵塞鼻孔，可以用棉棒蘸取少量宝宝油，伸进鼻孔进行疏通。注意不要让棉棒刮伤鼻黏膜。

适量涂抹宝宝油

宝宝持续流鼻涕时，家长会经常给宝宝擦鼻子，鼻子下面就会变得很干燥，总是红红的。这时可以给宝宝涂一些宝宝油或者润肤霜，防止肌肤干燥。

就诊指南

暂且观察	有流鼻涕、鼻塞的症状，但精神状态良好睡眠良好
应该就诊	有发热、腹泻、呕吐等症状眼部有瘙痒感、充血
及时就诊	发热、咳嗽、呼吸困难
注意要点	家长应注意观察宝宝的症状，在早期发现病情时就医